Pflanzenschutz- und Düngemittel Selbst gemacht!

BioGarten – Praxis

Stocker

Umrechnen und verdünnen – eine kleine Hilfe

Wenn es Ihnen mit der Mathematik genauso geht wie mir und sich eine natürliche Abwehrreaktion einstellt, sobald Kommastellen, Prozentsätze oder Bruchrechnungen auftauchen, so hoffe ich, Ihnen mit dieser Buchseite das Leben ein wenig erleichtern zu können.

Entsprechungen

- Ein Teelöffel (TL): 5 ml
- Ein Esslöffel (EL): 10–15 ml, je nach Modell
- Ein Glas: 200 ml
- Eine Schale: 350 ml

Umrechnen

Menge in Liter (l)	Zentiliter (cl)	Milliliter (ml)	Gewicht bei Wasser oder Zubereitungen auf Wasserbasis
1 l	100 cl	1.000 ml	1 kg
½ l	50 cl	500 ml	500 g
¼ l	25 cl	250 ml	250 g
1/8 l	12,5 cl	125 ml	125 g

Verdünnen – Entsprechungen

Prozentsatz	Anteil	Liter	Volumen
5 %	1/20	50 ml pro 1 l 250 ml pro 5 l	1 Teil Zubereitung auf 19 Teile Wasser
10 %	1/10	100 ml pro 1 l 500 ml pro 5 l	1 Teil Zubereitung auf 9 Teile Wasser
20 %	1/5	200 ml pro 1 l 1 l pro 5 l	1 Teil Zubereitung auf 4 Teile Wasser

Pflanzenschutz- und Düngemittel Selbst gemacht!

BioGarten – Praxis

Text
Brigitte Lapouge-Déjean
Fotos
Serge Lapouge

Leopold Stocker Verlag
Graz – Stuttgart

Inhalt

Ein Garten ohne Pestizide – (nicht nur) für Kinder ein Paradies

Einleitung

Ob in der Stadt oder auf dem Land – die Faszination für Gärten war noch nie so groß wie heute. Immer mehr von uns träumen vom eigenen Paradies im Grünen, wo die Vögel zwitschern, die Grillen zirpen und glückliche Kinder spielen. So manche Zahl allerdings gibt zu denken: 5.000 Tonnen Pestizide etwa kommen allein in Frankreichs Gärten jedes Jahr zum Einsatz. Das bleibt nicht ohne Folgen: In manchen von ihnen halten sich gemeine Moleküle versteckt, die es bis in die Tiefen unserer Böden schaffen, um schließlich auf unseren Tellern oder in unserem Trinkwasser zu landen. Die französische Regierung startete eine Infokampagne, mit deren Hilfe der Anteil an Pestiziden bis 2018 nach und nach um 50 % gesenkt werden soll. Biogärtner können da nur beherzt mit dem Kopf schütteln. Denn wer seinen Garten mit Gefühl und Verstand bearbeitet und auf dessen natürliches Gleichgewicht achtet, der kann auf die Waffen der Chemie doch getrost verzichten.

Als Antwort auf den neuen Trend hin zur Umweltfreundlichkeit finden wir in unseren Supermarktregalen eine immer größere Palette an biologischen Mitteln zur Pflanzenpflege. Auf der sehr ansprechend gestalteten Verpackung prangen Zeichen, die deren Umweltverträglichkeit besiegeln. Oft aus einfachen Substanzen hergestellt, versprechen sie unseren Gärten florierende Schönheit und Gesundheit. Sind sie also die Lösung des Problems? Nicht immer. Vor allem ihr hoher Preis schreckt viele Gärtner ab – ein wahres Hindernis, wenn es darum geht, in Zeiten der Krise gärtnerische Praktiken zu ändern.

Dieses Buch folgt echten ökologischen Bestrebungen. Es soll dabei helfen, den Kauf von Pflanzenschutzmitteln, Düngern und Zusätzen zu reduzieren, auf die schon Generationen von Gärtnern vor uns erfolgreich verzichtet haben. Stattdessen stellen wir Ihnen eine große Bandbreite an Pflanzenpflegemischungen zum Selbermachen vor. Allesamt sind sie einfach herzustellen, wohltuend natürlich und günstig zu erwerben oder sogar gratis. Wir laden Sie dazu ein, die Kraft einfacher Mittel wiederzuentdecken. Manche der hier vorgestellten Pflegeprodukte werden auf der Grundlage von Pflanzen zubereitet; es kommen aber auch andere Materialien aus der Natur zum Einsatz, etwa Lehm, Natron oder Schmierseife. Abfallprodukte aus dem täglichen Leben, zum Beispiel Kaffeesatz, Molke oder Asche, müssen nicht weggeworfen werden – Ihrem Garten können sie sehr nützlich sein.

Etwa sechzig Rezepte wird dieses Buch Ihnen vorstellen. Übernehmen Sie sich nicht, indem Sie sie alle sofort ausprobieren. Das wird nicht nötig sein! Beginnen Sie mit Materialien, die Sie gerade bei der Hand haben. Pflegeprodukte selbst zu machen ist nicht schwer – werken Sie einfach darauf los und bald schon werden Sie Freude daran gewinnen, Ihrem Garten Gutes zu tun. Nach und nach werden Sie herausfinden, welche Mischungen am effektivsten sind, worauf welche Ihrer Pflanzen am besten reagiert. Bald wird es für Sie zur Gewohnheit werden, Ihre Pflanzen mithilfe von Tonerde, Kompostsaft und Pflanzenjauche vom Frühling an regelmäßig zu stärken und sanft anzuregen. Der Gedanke, nur im Krankheitsfall einzuschreiten, wird Ihnen bald fremd erscheinen. Weit weg von aufwendigen Behandlungsmethoden werden Sie erkennen, wie viel Potenzial im Kleinen und Unscheinbaren steckt, wie etwa ätherische Öle helfen oder was eine einfache Schachtelhalm-Zubereitung bewirken kann. Und bald schon wird Ihr Garten sein Gleichgewicht und seine Harmonie wiederfinden.

Zubereitungen auf pflanzlicher Basis

- Die richtige Vorbereitung
- Auszüge
- Aufgüsse
- Abkochungen
- Fermentierter Extrakt oder Pflanzenjauche
- Zubereitungen mit ätherischen Ölen
- Die 12 nützlichsten Pflanzen im Garten

Die richtige Vorbereitung

Die Eigenschaften von Pflanzen zu nutzen, bedeutet, ihnen ihre Wirkstoffe zu entlocken. Das ist nicht schwierig, allerdings ist es wichtig, gezielt und sorgsam vorzugehen. Schließlich soll den Pflanzen nur ihr Bestes entzogen werden. Es geht also nicht darum, ein paar Brennnesselhalme den ganzen Sommer über in einem Kanister Wasser schwimmen zu lassen.
Egal, ob Sie mit Regen- oder Quellwasser arbeiten – achten Sie dabei auf gute Wasserqualität. Für das Gelingen Ihrer Zubereitungen ist das ganz besonders wichtig.

Gute Wasserqualität

Die Herkunft

Sie müssen kein Wasser in Flaschen kaufen. Machen Sie das Beste aus dem, was Sie zur Verfügung haben.

- **Regenwasser** ist ideal für Zubereitungen auf pflanzlicher Basis. Gesammelt wird es in Kanistern unter Regenrinnen, danach sollte es gefiltert werden, damit es sauber ist. Oft ist Regenwasser leicht säurehaltig, was aber kein Problem darstellt.
- **Quellwasser** kann verwendet werden, sofern sein pH-Wert in Ordnung ist (bis 7,2). Wichtig ist nur, auf die richtige Temperatur zu achten (*siehe nächste Seite*). Wenn das Wasser zu kalkhaltig ist (bei höherem pH-Wert), dann reicht es, den pH-Wert mit Essig zu senken (*siehe Kasten*).
- **Brunnenwasser** ist ebenfalls eine gute Lösung. Es wird wie Quellwasser verwendet, nachdem pH-Wert und Temperatur geprüft wurden.
- **Flusswasser** eignet sich sehr gut, wenn nicht viel davon benötigt wird und der Fluss in der Nähe liegt. Es wird wie Quellwasser verwendet.
- **Leitungswasser** ist, wenn stark mit Chlor versetzt, die schlechteste und umständlichste Lösung, denn es muss vor der Verwendung entchlort werden. Chlor desinfiziert das Wasser, damit wir es trinken können, indem es die pathogenen Bakterien abtötet. Gleichzeitig tötet es aber auch unsere „nützlichen" Bakterien, die Extraktion und Fermentation herbeiführen. Lassen Sie das Chlor daher unbedingt verdunsten, indem Sie das Wasser zwei bis drei Tage in einem offenen Behälter stehen lassen und ab und zu umrühren.

Ganz klar ...
Brunnen-, Quell- oder Flusswasser, das verunreinigt ist oder es sein könnte, wird natürlich nicht verwendet.

Brunnenwasser wird vor seiner Verwendung auf die richtige Temperatur gebracht.

Die Temperatur

Die Herstellung natürlicher Pflanzenschutzmittel beginnt niemals mit kaltem Wasser. Für fermentierte Extrakte muss die Temperatur bei mindestens 15 °C liegen, damit die Mikroorganismen aktiv werden können. Das Wasser muss also vor seiner Verwendung einige Zeit stehen, damit seine Temperatur steigt. Das gilt vor allem für Wasser aus der Tiefe, etwa Brunnen- oder Quellwasser.
Im Frühling kann die Zubereitung an der Sonne erfolgen. Eine Abkühlung des Wassers, die die natürlichen Prozesse verlangsamen würde, kann so verhindert werden. Im Sommer hingegen ist es besser, an vor der Sonne geschützten Orten zu arbeiten, da zu viel Hitze die arbeitenden Enzyme zerstört.
Für Sprühbehandlungen gilt: Zu kalt temperierte Produkte schaden Ihren Pflanzen. Stellen Sie sich vor, Sie erleben einen sonnig warmen Sommertag und am Abend plötzlich stellt man Sie unter eine eiskalte Dusche … brrr … da steht der Stoffwechsel dann mal still! Genau das passiert auch bei Ihren Pflanzen. Es ist daher wichtig, die jeweilige Zubereitung mit „warmem" Wasser abzumischen, das heißt, Wasser auf Raumtemperatur zu verwenden. Dies gilt besonders für die Pflanzenpflege und das Gießen an Sommerabenden.

Bedürfnisse beachten

Beachten Sie: In sehr heißen und trockenen Zeiten ist es besser, auf Behandlungen aller Art zu verzichten, da die Pflanzen in diesen Phasen nicht sehr aufnahmefähig sind. Die Spaltöffnungen werden geschlossen, die Saftzirkulation verlangsamt sich – die Pflanzen warten auf bessere Zeiten.

Der pH-Wert

Ob Sie Ihr Wasser nun aus dem Brunnen, einer Quelle oder einem Fluss nehmen – es kann passieren, dass sein Kalkanteil zu hoch ist. Daraus können Probleme entstehen: Kalk erschwert die Fermentation, beim Besprühen von Pflanzen legt er sich auf die Blätter und verstopft die Blattporen, sodass die Wirkstoffe nicht eindringen können. Ist der Kalkanteil zu hoch, so muss der pH-Wert des Wassers gesenkt werden, indem Alkoholessig beigegeben wird. Die Dosis hängt dabei natürlich vom pH-Ausgangswert ab. Als Grundregel gilt: 1 TL (*siehe Umrechnungstabelle auf S. 2*) Essig pro 1 l Wasser senkt den pH-Wert um eine Kommastelle. Prüfen Sie während des Vorgangs selbst mithilfe von pH-Teststreifen nach (zu kaufen in Apotheken oder im Internet) und machen Sie sich Notizen für Ihre nächste Anwendung!

Grundausstattung für Gärtner

Ein wenig stöbern – Gärtnerbedarf ganz günstig vom Flohmarkt

Die richtige Ausrüstung

Wie auch in der Küche brauchen Sie im Garten eine Grundausstattung an Material, um in Ruhe arbeiten zu können und die gewünschten Resultate zu erzielen. Kein Grund aber, dafür ein Vermögen auszugeben! Ich bin oft eher in der Scheune, auf Flohmärkten oder am Schuttplatz fündig geworden als im Bastelmarkt. Utensilien, bei denen eine gute Qualität wichtig ist, finden Sie bei landwirtschaftlichen Genossenschaften oder im Baumarkt.

Welche Behälter?

Niemand käme mehr auf die Idee, Suppe in einem Aluminiumbehälter zu kochen. Dasselbe gilt für Pflanzennahrung! Gemischt wird in Gefäßen aus Kunststoff, Glas oder Ton, gekocht in Töpfen aus Edelstahl oder Emaille.
Wird mit großen Mengen gearbeitet, wie bei fermentierten Extrakten, dann erfüllen Plastik- oder große Abfalleimer hervorragend ihren Zweck. Rechnen Sie mit einer Kapazität von mindestens 30 l. Lebensmittelechte Kunststofffässer (50 bis 200 l) ermöglichen gute Fermentationen und sind sehr langlebig, vorausgesetzt Sie vergessen darin über den Winter kein Wasser! Halbierte Holzfässer sind zweifellos die hübschere Variante, allerdings sehr schwierig zu handhaben. Da Holz bei Feuchtigkeit aufquillt und sich bei Trockenheit wieder zusammenzieht, werden Holzfässer sehr häufig undicht. Sie müssen daher, bevor sie zum Einsatz kommen, gewässert werden – eine sehr aufwendige Arbeit! Je nach Herkunft können weitere Probleme auftreten: Neue Fässer enthalten Tannine, gebrauchte Chemikalien aus der Weinproduktion. Auf keinen Fall aber sollten Sie Eiseneimer oder Metallfässer verwenden, da es hier zu Oxidation kommen kann.

Maschendrahtkörbe sind ideal zum Kräutersammeln.

Kunststoffeimer sind praktisch und kosten wenig.

Für die Zubereitung

- Ein Korb zum Kräutersammeln. Welches Modell auch zum Einsatz kommt – ein gewöhnlicher Gitterkorb fasst gut gefüllt 1 kg Kräuter.
- Bottiche, Wassergläser, alte Schalen, Gläser ...
- Gießkannen, Krüge, Flaschen unterschiedlicher Größe.
- Ein Dosierbehälter.
- Eine Baumschere. Wählen Sie ein gutes, robustes Modell, das Ihnen nicht zu viel Anstrengung abverlangt, und halten Sie es stets gut geschliffen und geölt.
- Ein gutes großes Küchenmesser und ein Opinel-Messer.
- Eine leichte, scharfe Gartenschere, Typ Heckenschere.
- Ein Schneidebrett aus Holz oder Schiefer.
- Eine genaue Waage.
- Handschuhe.
- Siebe unterschiedlicher Größe und ein Trichter.
- Kunststoffkanister oder andere verschließbare Kunststoffbehälter für die Lagerung.
- Ein guter, stabiler Tisch für draußen – einer von der Sorte, die „nichts mehr erschüttern kann".

Für Pflege und Behandlung

- Eine kleine Sprühflasche (1 l) für sehr gezielte Anwendungen, Terrassen- und Zimmerpflanzen.
- Ein größeres Sprühgerät, das Sie am Rücken oder auf der Schulter tragen. Für einen durchschnittlich großen Garten reicht ein 5-l-Gerät (Sprühgeräte der Marke Berthoud sind beispielsweise sehr gut).
- Gießkannen für 3 bis 10 l.

Auszüge

Auszüge (Mazerate) sind Pflanzenzubereitungen, die auf kalter Basis – meist mit Wasser – hergestellt werden. Sind Pflanzen dafür geeignet, so ist die Mazeration mit Wasser die einfachste, ökonomischste und schnellste Form, deren Wirkstoffe zu lösen. Ein **sanftes Mittel** – ideal, wenn rasches Handeln erforderlich ist und fermentierter Extrakt oder ätherisches Öl gerade nicht zur Hand sind. Je nach Pflanze verwenden wir entweder die Blätter oder die Blüten oder auch beides.

Grundrezept: Auszüge auf Wasserbasis

1 Schneiden Sie 1 Handvoll Pflanzengut in kleine Stücke. So können die Wirkstoffe bestmöglich gelöst werden (am Foto: Gemeine Schafgarbe).

2 Mischen Sie das Pflanzengut in ein mit Wasser gefülltes Glas. Lassen Sie es anschließend im Halbschatten oder einem Innenraum bei Raumtemperatur (20 bis 23 °C) 24 h im Wasser einweichen.

3 Füllen Sie die Flüssigkeit nach dem Abseihen unverdünnt in eine Sprühflasche. Wichtig: Beginnen Sie sofort mit der Sprühbehandlung, denn nach 48 h beginnt der Auszug zu gären und es entsteht ... ein fermentierter Extrakt.

Ein Auszug auf Wasserbasis kann übrigens nicht konserviert werden. Daher sollten auch nur kleine Mengen hergestellt werden. Mit einem Liter können Sie punktuell auftretenden Insektenproblemen oder Pilzbefall problemlos entgegenwirken.

Auszüge auf Wasserbasis – geeignete Pflanzen und ihre Wirkung

Als Grundregel gilt: Auf 1 l Wasser werden 100 g frisches oder 20 g getrocknetes Pflanzengut verwendet. Die folgende Tabelle informiert über Verwendung und Wirkungsweise der wichtigsten geeigneten Pflanzen.

Pflanze	Menge je Liter Wasser	Mazerationszeit	Anwendung und Wirkungsweise
Brennnessel (Blätter) ***Siehe auch S. 50***	100 g	48 h	• Insektenschutz (Blattlaus und Milben). Verdünnt (10 %) sprühen.
Gemeine Schafgarbe (Blüten) ***Siehe auch S. 47***	100 g	24 bis 48 h	• Regt die natürlichen Abwehrkräfte der Pflanze an. Verdünnt (5 %) sprühen. • Steigert die Wirkung von Fungiziden und Insektiziden. Beigeben (10 %).
Kapuzinerkresse (Blätter und Stängel)	100 g	24 h	• Fungizid. Unverdünnt sprühen.
Meerrettich (Blätter)	100 g	48 h	• Fungizid. Unverdünnt sprühen.
Muskatellersalbei (Blätter)	100 g	24 bis 48 h	• Insektenschutz durch Hemmung (die anderen funktionieren durch Abschreckung). Unverdünnt sprühen.
Rhabarber (Blätter)	200 g	24 h	• Insektenschutz. Unverdünnt sprühen.
Zwiebel (Knolle)	100 g	24 h	• Fungizid. Unverdünnt sprühen. • Insektenschutz. Unverdünnt sprühen.

Knoblauchauszug auf Basis von Öl

Hier finden Sie das Rezept für einen Knoblauchauszug auf Basis von Öl. Knoblauchauszüge eignen sich gut als **Insektenschutz**, **Insektizide** oder **Fungizide**.

1 Zerstampfen, zerdrücken oder zerhacken Sie 100 g Knoblauch mit Schale. Vermengen Sie den Knoblauch mit 3 EL Oliven- oder Rapsöl. Lassen Sie die Mischung zugedeckt 24 h stehen.

2 Seihen Sie die Flüssigkeit ab und zerdrücken Sie dabei das Fruchtfleisch, um dem Knoblauch möglichst viele Wirkstoffe zu entnehmen.

3 und 4 Geben Sie 1 EL Schmierseife bei und rühren Sie mit einem Schneebesen gut durch. Gießen Sie die Mischung mit 1 l Wasser auf. Gekühlt und vor Sonne geschützt hält diese Zubereitung etwa drei Wochen.

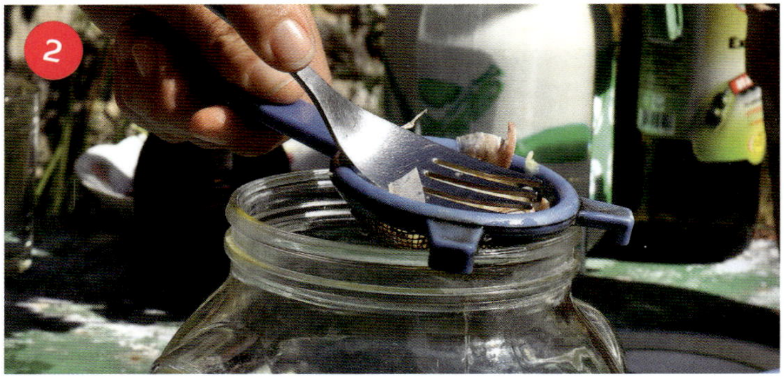

Anwendung

- **Verdünnt (5 %)** – zum Sprühen am Abend (regelmäßig wiederholen):
  - als **Insektizid** oder **Insektenschutz** gegen Blattläuse, Milben, Zwiebelfliegen, Kartoffelkäfer;
  - als **Fungizid** gegen Pilzerkrankungen (Rost, Botrytis, Kräuselkrankheit etc.).
- **Verdünnt (10 %)** – zum Besprühen oder Gießen:
  - zur **Abwehr** von Hasen oder Rehen.

Je nach Empfindlichkeit des Tieres ist die Zubereitung unterschiedlich effizient. In höherer Konzentration (oder unverdünnt) ist die Wirkung besser. Die Mischung darf jedoch nicht bei Gartenpflanzen angewendet werden, da dies bei jungen Pflanzen zu Entlaubung führt. Besser sollte sie am Waldrand oder in Alleen zum Einsatz kommen.

Knoblauch versus Essig

Derzeit laufen Experimente über die Wirkung von Knoblauchzubereitungen auf die sogenannte Kirschessigfliege (*Drosophila suzukii*), die etwa Beerenobst, Kirschen oder Tomaten befällt. Auch soll die Wirksamkeit von Knoblauch gegen Unkraut getestet werden.

Fixfertig zu kaufen ...

... gibt es Insektenschutzmittel beispielsweise bei Jean-François Lyphout und dessen Vertretern – sehr effektiv, besonders gegen die Essigfliege (*siehe S. 113*); erhältlich sind Pflanzenschutz- und -stärkungsmittel zum Beispiel auch unter www.hobbygaertnerladen.de.

Gewürzauszüge auf Basis von Öl

In unserer Küche greifen wir ganz selbstverständlich zu den unterschiedlichsten Gewürzen. Wenn es aber um die Gesundheit unseres Gartens geht, vergessen wir gerne auf deren Kräfte. Dabei steckt in ihnen so viel Potenzial! In einigen ihrer Herkunftsländer werden sie in der Landwirtschaft heute wieder sehr geschätzt. Besonders wenn es um Schädlingsbekämpfung geht, haben sich Gewürze als wirksame Alternative zu herkömmlichen, giftigen Pflanzenschutzmitteln erwiesen. Sie sind äußerst kostengünstig und schaden dabei weder Mensch noch Umwelt. Spannende Perspektiven – Zeit, da mal genauer hinzusehen!

Von den Gewürzen, die ich bisher getestet habe, sind die bedeutendsten die **Paprika** bzw. **Chilis** (*Capsicum*) und deren Verwandte. Die schärfsten Sorten (Bird-Eye-Chili, Cayennepfeffer etc.) sind dabei die wirkungsvollsten. Auch Mischungen können verwendet werden, beispielsweise:

- **scharfes Madras Curry**, gelb (Chili, Senf, Knoblauch und Pfeffer),
- **scharfes Masala** (Chili, Senf, Gewürznelken etc.),
- **Ras el-Hanout** (Chili, Senf, schwarzer Pfeffer etc.),
- **Rouille** (Senf, Chili, Knoblauch, Paprika etc.).

Das ätherische Öl des Chilis, aufgrund seines Wirkstoffgehalts etwas heikel in seiner Anwendung, wirkt sehr gut gegen holzfressende Insekten. Es kann entweder allein oder in einer Mischung mit ätherischem Öl aus Knoblauch verwendet werden (*siehe S. 48*).
Denken Sie auch an Tabasco-Chili und Harissa, fürchterlich abschreckend!
Auch mit **Pfeffer** (schwarzer Pfeffer, schwarzer Lampong Pfeffer, schwarzer Penja Pfeffer, grüner Pfeffer etc.) lassen sich gute Ergebnisse erzielen. Ebenso wirksam sind scharfer Senf, Knoblauch und Ingwer.

Chili-Auszug auf Basis von Öl

Diese Zubereitung benötigt nicht viel Zeit. Das Rezept lässt sich auf alle Gewürze in Pulverform anwenden.

1 Vermengen Sie 1 TL Chilipulver mit 1 EL Rapsöl.

2 Rühren Sie mit einem Schneebesen gut durch, bis das Gewürz sich vollständig aufgelöst hat.

3 Lassen Sie die Zubereitung einige Stunden stehen und mischen Sie sie anschließend mit 1 EL Schmierseife ab.

4 Geben Sie nach und nach 250 ml lauwarmes Wasser bei, sodass eine Emulsion entsteht. Füllen Sie die Mischung in eine Sprühflasche und beginnen Sie sofort mit der Anwendung.

Vorsicht!

Passen Sie auf Augen und Haut auf, wann immer Sie mit Gewürzen arbeiten – besonders bei Chili!

Variante mit ganzen Chilis

Tragen Sie bei der Zubereitung Handschuhe – der Inhaltsstoff Capsaicin kann starke Irritationen der Haut und der Schleimhäute hervorrufen. Lassen Sie 1 Handvoll gehackte Chilischoten 24 h in 1 l Wasser einweichen. Filtern Sie die Flüssigkeit durch ein dünnes Tuch oder einen Kaffeefilter ab, wobei Sie die Fruchtpulpe noch ein wenig ausdrücken. Geben Sie 1 EL Schmierseife bei. Gut schütteln und zerstäuben.

Anwendung

- **Mit unverdünntem Auszug besprühen** oder, wenn nur ein kleiner Teil der Pflanze betroffen ist, **bestäuben**. Je nach Gewürz eignen sich die Zubereitungen als Insektizide oder Insektenschutz zur Abwehr von Blattläusen, Raupen, Flohkäfern, Milben, dem Großen Kohlweißling etc.
- Versuchsweise als **Sprühbehandlung** gegen Kartoffelkäfer (im Larvenstadium). Mehrmals wiederholen.
- Sie können der Anti-Schildlaus-Zubereitung mit Rapsöl (*siehe S. 85*) auch Chili beigeben. **Mit einem Pinsel** gezielt auf die holzigen Partien Ihrer Balkon- oder Zimmerpflanzen (Ficus, Aralia, Zitrusfrüchte etc.) auftragen.

Vorsicht!

Wann immer Sie Gemüse oder Obst ernten, das zuvor mit einer Gewürzzubereitung behandelt wurde, legen Sie es für einige Minuten in ein Wasserbad und spülen Sie es anschließend gut ab. Andernfalls ist Ihr Salat möglicherweise allzu herzhaft gewürzt!

Aufgüsse

Aufgusszubereitungen (Infuse) kennen wir alle. Sie werden genauso hergestellt wie die Kräutertees, mit denen wir im Winter unseren Husten lindern. Werden Pflanzen mit heißem Wasser übergossen, so geben sie Wirkstoffe frei, an die wir durch einfache Auszüge nicht herankommen würden.

Infuse sind für Pflanzen eine Behandlung der leichten Form. Schnell in Zubereitung und Anwendung, wirken sie den kleineren Wehwehchen Ihres Gartens entgegen, etwa **Insektenangriffen oder Pilzerkrankungen im Anfangsstadium**. Bei größeren Problemen kommt der wesentlich stärkere fermentierte Extrakt zum Einsatz.

Pflanzen sammeln

Sie können die warme Saison nutzen, um sich einen Vorrat an Pflanzengut anzulegen. In kleinen Bündeln oder auf Holzstellagen getrocknet, sind die Pflanzen dann das ganze Jahr über griffbereit. Wer keine Kräuter im Garten hat, der kann sie in der freien Natur sammeln. Um zu verhindern, dass Sie dabei auf verunreinigte Pflanzen stoßen, hier einige Regeln:

- Um Hinweise zum Zustand der Pflanzen zu finden, hilft es, sich am Sammelort gut umzusehen. Wer ein bisschen gesunden Menschenverstand mitbringt, der wird folgende Orte meiden:
  – den schmalen Streifen zwischen verschmutzten Straßenrändern und bebauten Feldern;
  – verdächtig aussehende Plätze (in der Stadt oder auf dem Land), unter denen möglicherweise wilde Mülldeponien liegen, die voll sind von Schwermetallen, Pestiziden oder chemischen Substanzen.
- Sammeln Sie nur gesunde Pflanzen, frei von Parasiten und Krankheiten.
- Vermeiden Sie es, Ihren Sammelplatz zu „plündern“!

Basisrezept

1 Schneiden Sie 100 g frische oder 20 g getrocknete Pflanzen klein (am Foto: Minze).

2 Geben Sie das Pflanzengut in einen Behälter aus Edelstahl oder Emaille und gießen Sie es mit 1 l Wasser auf.

3 Bringen Sie das Wasser zum Köcheln. Nehmen Sie die Hitze kurz vor dem Siedepunkt zurück, damit die Wirkstoffe der Pflanze bestmöglich erhalten bleiben. Es ist nicht sinnvoll, den Aufguss minutenlang auf hoher Stufe kochen zu lassen!

◗ Lassen Sie den Aufguss zugedeckt ziehen, bis er abgekühlt ist. Nach dem Abseihen kann die Zubereitung pur oder verdünnt (20 %) in einem Zerstäuber verwendet werden (*siehe nachstehende Tabelle*). Aufgüsse lassen sich nicht konservieren und müssen daher sofort bzw. innerhalb von 24 h verwendet werden.

Aufgüsse – geeignete Pflanzen und ihre Wirkung

Als Grundregel gilt: Auf 1 l Wasser werden 100 g frisches Pflanzengut verwendet (das entspricht 20 g getrocknetem Pflanzengut). Die folgende Tabelle informiert über Zubereitungsform und Wirkungsweise der wichtigsten geeigneten Pflanzen.

Pflanze	Menge je Liter Wasser	Anwendung und Wirkungsweise
Heiligenkraut (Blüten und Blätter) ***Siehe auch S. 52***	100 g	• Insektenschutz und Insektizid. Unverdünnt sprühen.
Lavendel (Blüten) ***Siehe auch S. 49***	100 g	• Insektenschutz und Insektizid (Blattlaus). Unverdünnt sprühen.
Minze (Blätter)	100 g	• Insektenschutz und Insektizid. Unverdünnt sprühen.
Oregano (Blätter und Blüten)	100 g	• Insektenschutz. • Fungizid. Verdünnen (20 %).
Rainfarn (Blüten) ***Siehe auch S. 54***	100 g	• Insektizid (Blattlaus, Großer Kohlweißling etc.). Unverdünnt sprühen. • Fungizid (Falscher Mehltau und Rost). Verdünnen (20 %).
Seifenkraut (alle Pflanzenteile) ***Siehe auch S. 52***	100 g	• Insektizid (Blattlaus). Unverdünnt sprühen.
Wermut (Blätter und Zweigspitzen) ***Siehe auch S. 46***	100 g	• Insektizid (Blattlaus, Großer Kohlweißling etc.) und Insektenschutz. Verdünnen (20 %).

Fixfertig aus dem Handel

Getrocknetes Pflanzengut ist im Supermarkt, in Apotheken und Reformhäusern oder online erhältlich.

Abkochungen

Einige Pflanzen halten an ihren Wirkstoffen so stark fest, dass diese durch einen einfachen Aufguss kaum gelöst werden können. In solchen Fällen kommt die Methode der Abkochung (Dekoktion) zum Einsatz. Diese Zubereitungsform nimmt etwas mehr Zeit in Anspruch, da die Pflanzen zunächst 24 Stunden lang eingeweicht werden müssen, bevor sie in den Kochtopf kommen. Dekokte haben eine stärkere Wirkungskraft als Aufgüsse. Sie können verwendet werden, **um die Abwehrkräfte unserer Pflanzen gegen Krankheiten zu stärken**. Auch als **Insektenschutz** oder **Insektizide** sind sie sehr gut geeignet.

Basisrezept

1 Lassen Sie 100 g frisches, klein geschnittenes Pflanzengut (am Foto: Wermut) bereits ab dem Tag vor der Zubereitung einweichen. So können die Wirkstoffe besser gelöst werden.

2 Geben Sie die Pflanzen dazu in einen Edelstahl- oder Emaille-Kochtopf und gießen Sie sie mit 1 l Wasser auf. Lassen Sie den Topf zugedeckt stehen.

Alles zu seiner Zeit

Mit Pflanzenzubereitungen zu arbeiten, erfordert mehr Achtsamkeit, als ein paar Ladungen Chemie in einen Blumentopf zu pumpen. Um das Beste aus unseren Pflanzen herauszuholen, dürfen wir also nicht hasten, sondern müssen deren Rhythmus respektieren. Einweichen, kochen, ziehen lassen – all das braucht Zeit, die wir den Pflanzen geben wollen. Auch auf die richtige Temperatur sollte immer geachtet werden.

3 Stellen Sie den Kochtopf mit den im Wasser eingeweichten Pflanzen (keinesfalls das Wasser wechseln!) am nächsten Tag auf den Herd und bringen Sie die Mischung langsam zum Kochen. Sobald dies der Fall ist, reduzieren Sie die Hitze, decken Sie den Kochtopf zu und lassen Sie die Zubereitung 20 min köcheln. Der Deckel ist wichtig – er verhindert, dass flüchtige Bestandteile entweichen können.

◗ Schalten Sie den Herd ab und lassen Sie das Dekokt abkühlen. Nehmen Sie dann den Deckel ab, wobei Sie die Tropfen von der Deckelinnenseite in den Topf rinnen lassen.

4 Seihen Sie die Flüssigkeit durch ein feines Sieb ab. Füllen Sie die Zubereitung in eine Sprühflasche und verwenden Sie sie pur oder verdünnt (*siehe nachstehende Tabelle*).

Einfach hergestellte Pflegemittel auf Pflanzenbasis sollten idealerweise abends oder am frühen Morgen noch vor Sonnenaufgang eingesetzt werden. Ein bedeckter Tag tut es auch. Die Zubereitungen sind nicht bzw. gekühlt nur 24 h lang haltbar.

Abkochungen – geeignete Pflanzen und ihre Wirkung

Als Grundregel gilt: Auf 1 l Wasser werden 100 g frisches Pflanzengut verwendet (das entspricht 20 g getrocknetem Pflanzengut). Die folgende Tabelle informiert über Verwendung und Wirkungsweise der wichtigsten geeigneten Pflanzen.

Pflanze	Menge je Liter Wasser	Anwendung und Wirkungsweise
Adlerfarn (Blätter)	100 g	• Insektizid, gegen Schnecken. Regelmäßig unverdünnt sprühen.
Beinwell (Blätter) ***Siehe auch S. 49***	100 g	• Insektizid. Unverdünnt sprühen. • Wirkt stimulierend. Verdünnen (20 %).
Brennnessel (Wurzeln) ***Siehe auch S. 50***	100 g	• Fungizid. Verdünnen (10 %).
Holunder (Blätter) ***Siehe auch S. 53***	100 g	• Insektenschutz. Unverdünnt sprühen.
Knoblauch (Zehen) ***Siehe auch S. 47***	50 g	• Fungizid. Unverdünnt sprühen. • Insektizid oder Insektenschutz. Verdünnen (20 %).
Rainfarn (Blüten) ***Siehe auch S. 54***	100 g	• Insektizid (Blattlaus, Flohkäfer, Raupen). Unverdünnt sprühen.
Schachtelhalm (Blätter und Stängel)	100 g getrocknet	• Insektenschutz und Insektizid. Unverdünnt sprühen. • Fungizid. Verdünnen (20 %).
Seifenkraut (Wurzeln) ***Siehe auch S. 52***	100 g	• Insektizid. • Zur Befeuchtung, damit andere Mittel besser haften. Unverdünnt verwenden.
Wermut (Blätter und Zweigspitzen) ***Siehe auch S. 46***	100 g	• Insektizid (Blattlaus, Großer Kohlweißling etc.). Unverdünnt sprühen.

Fermentierter Extrakt oder Pflanzenjauche

Als in Frankreich vor einigen Jahren der Einsatz von Brennnesseljauche unter dem Vorwand des Umweltschutzes per Gesetz streng reglementiert wurde, da entfachte ein erbitterter Kampf zwischen Biogärtnern und Behörden. Spätestens seit den Tumulten rund um diesen „Brennnesselkrieg" ist die Pflanzenjauche, in der Fachsprache „fermentierter Extrakt" genannt, dort den meisten Menschen ein Begriff. Bei Gärtnern erfreut sich diese Art der Zubereitung schon lange großer Beliebtheit, besonders Biogärtner greifen gerne zu fermentierten Extrakten.

Als Konzentrat an Nährstoffen ist Pflanzenjauche nicht nur der **beste Pflanzendünger**, sie **verhindert** auch **die Entstehung von Pilzerkrankungen**. Fermentierte Extrakte liefern alles, was für die Pflanzengesundheit wichtig ist und helfen, die natürlichen Abwehrkräfte der Pflanze zu stärken. Eine kostenlose Rundum-Pflege für den Garten ist es also, was wir Ihnen hier vorstellen!

Die beliebteste Pflanze zur Herstellung fermentierter Extrakte ist die Brennnessel. Ich allerdings bevorzuge die Beinwelljauche, eine Zubereitung, die der Pflanze ihr natürliches Gleichgewicht wiedergibt, ohne dabei aufzuputschen. Wenn es darum geht, Pflanzen gegen Pilzkrankheiten aufzurüsten, dann ist der Schachtelhalm die beste Wahl. Extrakte anderer Pflanzen vergrößern Ihre Heilmittelpalette und sorgen für Abwechslung.

Beinwelljauche unterstützt das Wachstum von Fruchtgemüse.

Checkliste – damit's sicher gelingt!

Keine Angst – um gute Pflanzenjauche herzustellen, müssen Sie kein Chemieprofessor sein! Es genügt, einige einfache Regeln zu beachten, damit ein Gärungsprozess erfolgen kann, bei dem die Wirkstoffe der Pflanze aber nicht verloren gehen. Das bedeutet:

- Verwenden Sie Regen- oder Quellwasser.
- Legen Sie frische, fein geschnittene Pflanzen ein.
- Stellen Sie jeden Extrakt separat her.
- Achten Sie auf die richtige Temperatur.
- Stellen Sie keine zu kleinen Mengen her, das ist schwieriger.
- Rühren Sie einmal am Tag um.
- Lassen Sie die Zubereitung nicht zu lange unbeobachtet vor sich hin brauen.
- Verwenden Sie einen feinen Filter.
- Ist der Extrakt fertig, beginnen Sie sofort mit der Anwendung.

Beinwelljauche

Anwendung und Wirkungsweise

Beinwell ist reich an Kalium, Phosphor und Kalzium. In Kombination mit Brennnesseljauche wirkt er **stimulierend** auf Ihren Garten, besonders auf Aussaat und junge Pflanzen. Verdünnt (5 %) sprühen.

Bei Rosen **unterstützt** Beinwell während der Saison **Wachstum und Blütenbildung**, ebenso bei Fruchtgemüse, wie Tomaten, Gurken, Melonen etc. Verdünnt (10 %) gießen.

◗ Für den Fall, dass Sie zu viel davon haben, gießen Sie Ihren Kompost, damit er schneller reift!

Für das natürliche Gleichgewicht

Éric Petiot, Spezialist für Bäume und unabhängiger Forscher, setzt sich für die Anerkennung natürlicher Heilmittel ein. Er empfiehlt Beinwellzubereitungen als Mittel, das natürliche Gleichgewicht von Pflanzen wiederherzustellen. Wird eine Pflanze behandelt, auch wenn dies sanft geschieht, so beeinträchtigt dies ihren Stoffwechsel. Beinwell hilft der Pflanze dabei, ihre „innere Harmonie" wiederzufinden. Besprühen Sie Pflanzen nach Heilbehandlungen (Insektizid oder Fungizid) zwei Wochen lang mit Beinwelljauche.

Gut zu wissen

Auf dieselbe Art wird auch Jauche aus Klette (Blätter und Wurzeln), Baldrian, Rhabarber, Meerrettich etc. zubereitet.

Rezept

1 Verwenden Sie 1 kg Beinwell (Blätter, Stängel und blühende Spitzen) pro 10 l Wasser. Sie brauchen nicht auf das Gramm genau abzuwiegen, das macht für das Endergebnis keinen Unterschied. Auch ein gut gemeintes Mehr an Pflanzen ist nicht notwendig: In Versuchen zeigte sich, dass eine höhere Konzentration die Wirkung offenbar nicht beeinflusst.

2 Hacken Sie die Pflanzen auf einem Brett oder einer Schieferplatte oder lassen Sie sie durch einen Gartenhäcksler mit Hammerwerk laufen. So können die Stängel, die voll sind von Saft, bestmöglich zerstoßen werden. Tragen Sie dabei am besten Handschuhe, Beinwell kann auf der Haut brennen.

3 Geben Sie die gehackten Pflanzen in einen großen Eimer und füllen Sie diesen mit 10 l Wasser. Rühren Sie um, um die Pflanzen gut mit Wasser zu durchtränken.

4 Lassen Sie den Eimer im Halbschatten stehen und rühren Sie täglich um. Die ersten Blasen steigen normalerweise ab dem zweiten Tag auf, denn Beinwelljauche gärt schnell. Sobald keine Blasen mehr aufsteigen – das ist nach fünf bis zehn Tagen der Fall –, ist die Jauche fertig!

5 Filtern Sie die Flüssigkeit und verwenden Sie sie sofort. Die Feststoffe, die im Filter zurückbleiben, sind dem Komposthaufen dienlich: Sie beschleunigen dessen Reifung.

Wann und wie häufig anwenden?

Im Frühling, um Saat und Jungpflanzen anzuregen, im Sommer für Rosen und Fruchtgemüse. Alle zwölf bis 14 Tage.

Fermentationstemperatur

Ob Sie bei der Zubereitung Ihrer Pflanzenjauche die gewünschten Ergebnisse erzielen, hängt vor allem von der Umgebungstemperatur ab. Je heißer es ist, desto schneller wird es gehen. Übertreiben sollte man dennoch nicht, die Idealtemperatur liegt bei etwa 20–25 °C. Für den Start braucht es zumindest 13–15 °C – andernfalls dauert der Gärungsprozess sehr lange und der Gärtner wird so manche Zweifel hegen. Wer also im Frühling Jauchen herstellen möchte, der sollte dies in einem kleinen Schuppen tun, um Temperaturschwankungen und nächtlichen Temperaturabfall zu vermeiden. Wenn die Temperatur auf über 25 °C steigt, ist ebenfalls Vorsicht geboten: Entweder warten Sie noch ab oder Sie halten Ihre Eimer gut geschützt im Schatten. Beachten Sie auch: 100 l halten der Hitze leichter stand als 20 l.

Brennnesseljauche

Anwendung und Wirkungsweise

- Reich an Stickstoff, Mineralsalzen und Spurenelementen, wirkt der fermentierte Brennnesselextrakt **anregend auf Jungpflanzen und Gartengemüse**. Verdünnt (5 %) sprühen.
- Als Gießbehandlung wirkt Brennnesseljauche anregend auf junge Gemüsesetzlinge. Sie **stärkt** außerdem **geschwächte Pflanzen**, hilft Rosen bei Chlorose und ist ein guter Starter für Pflanzen, die sich nach einer Pfropfung oder nach Frosteinwirkung nur schwer erholen. Verdünnt (10 %) gießen.
- Überflüssige Brennnesseljauche hilft Ihrem Kompost bei der Zersetzung.

Rezept

- Für 10 l Wasser schneiden Sie 1 kg Pflanzen. Die ganze Pflanze (Blätter und Stängel) kann verwendet werden, wenn möglich vor der Blüte. Bei Verwendung dieser Jauche konnte übrigens bisher kein unerwartetes Brennnesselwachstum festgestellt werden. Wenn Sie nicht allzu viele Brennnesseln im Garten haben, dann plündern Sie die Stelle nicht, indem Sie zu viele oder zu oft davon nehmen. Schauen Sie besser bei Ihren Nachbarn vorbei!
- Schneiden Sie die Pflanzen mit der Gartenschere oder dem Messer ab. Tragen Sie dabei Handschuhe.
- Lassen Sie die Brennnesseln in 10 l Regenwasser einweichen und rühren Sie um, damit die Pflanzen gut durchtränkt werden. Verwenden Sie einen großen Behälter, in dem Sie umrühren können. Das Wasser muss das Pflanzengut vollkommen bedecken.
- Stellen Sie den Eimer in den Halbschatten. Sie können ihn mit einer Strandmatte, einem luftigen Tuch oder einem Moskitonetz bedecken, wenn Sie unerwünschte Gäste befürchten. Beobachten Sie den Gärungsprozess. Die Brennnessel fermentiert schnell, innerhalb von drei Tagen erscheinen die ersten Blasen.

Das Pflanzengut muss so fein wie möglich geschnitten werden.

Ein Schlüssel zum Erfolg: Beobachten Sie die Blasen!

◗ Sobald nach etwa acht bis zehn Tagen keine Blasen mehr aufsteigen, ist die Jauche fertig. Sie kann nun verwendet (oder zur späteren Verwendung in einen Kanister abgefüllt) werden. Filtern Sie den Extrakt und verwenden ihn sehr bald. Brennnesseljauche beginnt nämlich nach zwei Wochen übel zu riechen, der Fäulnisprozess setzt ein. Noch in diesem Stadium kann der Extrakt verdünnt zum Gießen von Obstbäumen verwendet werden.

Wann und wie häufig anwenden?

Von März bis September alle zwei Wochen. In Kanistern abgefüllt hält die Jauche ein Jahr lang.

Löwenzahnjauche

Wirkung und Anwendung

Diese Zubereitung eignet sich besonders für Obstbäume.

◗ Mit einem Tonerde-Wasser-Gemisch verdünnt (5 %), stärkt sie Pflanzen im **Kampf gegen Pilzerkrankungen**. Sprühen.

◗ Als Gießbehandlung liefert Löwenzahnjauche Kalium und wirkt **positiv auf die Früchte**. Verdünnen (20 %).

◗ Versuchsweise als Gieß- oder Sprühbehandlung, um **Stressbelastung während der Trockenperiode entgegenzuwirken**.

Rezept

◗ Sammeln Sie im März/April 1 kg blühenden Löwenzahn: Blätter, Blüten und Wurzeln.

◗ Schneiden oder hacken Sie die Pflanzen klein und lassen Sie sie in einem Eimer mit 10 l leicht erwärmtem Wasser einweichen.

◗ Stellen Sie den Eimer an einen geschützten Ort, um Temperaturschwankungen zu vermeiden, die den Fermentationsprozess stören. Ist es draußen kühl, dann stellen Sie ihn zum Beispiel in einen Vorratsraum oder Schuppen.

◗ Rühren Sie täglich um und beobachten Sie den Gärungsprozess, der im Frühling auch länger dauern kann (zwei Wochen), da Wetter- und Temperaturschwankungen häufiger sind.

◗ Sobald die ersten Blasen aufsteigen, filtern Sie die Flüssigkeit sorgfältig ab und beginnen Sie mit der Verwendung. Die festen Rückstände geben, mit Laub vermischt, guten Mulch für Obstbäume.

Wann und wie häufig anwenden?

◗ Von Februar bis September. Je nach gewünschtem Resultat: Zwei- bis dreimal im Frühling bei Obstbäumen und alle zwei Wochen als Dünger.

Schneiden Sie Blätter, Blüten und Wurzeln klein.

Schachtelhalmjauche

Wirkung und Anwendung

Schachtelhalmjauche wirkt anregend auf alle Arten von Pflanzen. Sie enthält Mineralsalze wie Kieselerde, Kalium und Kalzium, die die Pflanzen gegen Pilz- und Insektenattacken widerstandsfähiger machen.

- Verwenden Sie den Extrakt verdünnt (5 %), um **Jungpflanzen** im Frühling zu **stärken**.
- Als **Prävention** gegen Echten Mehltau und einen Großteil der **Pilzerkrankungen**. Versuchsweise als Heilbehandlung verwenden (im Anfangsstadium). Verdünnen (10 %).
- Als Gießbehandlung wirkt Schachtelhalmjauche **gegen Eisenchlorose**.
- Um den Stickstoffgehalt zu erhöhen, können Sie der Schachtelhalmjauche während der Behandlung auch Beinwell- oder Brennnesseljauche beimengen.

Rezept

- Sammeln Sie 1 kg Sumpf- oder Acker-Schachtelhalm ohne Wurzeln. Acker-Schachtelhalm ist besonders reich an Kieselerde, man findet ihn aber selten in großen Mengen. Sumpf-Schachtelhalm ist wesentlich häufiger anzutreffen.
- Hacken Sie die Pflanzen – je feiner, desto besser kann sich die Kieselerde in der Zubereitung freisetzen.
- Legen Sie das Pflanzengut ins Wasser. Der Schachtelhalm ist ein sehr „trockenes" Material, daher sollte zweimal täglich umgerührt werden, damit die Pflanzen sich auch wirklich mit Wasser vollsaugen können. Die Fermentation erfolgt langsamer als bei der Brennnessel und dauert je nach Temperatur acht bis 14 Tage.
- Beobachten Sie die Zubereitung. Sobald keine Blasen mehr aufsteigen, filtern Sie die Flüssigkeit und füllen Sie sie in Kanister ab. Keine Sorge wegen der hellgelben Farbe – sie ist natürlichen Farbpigmenten geschuldet.

Den Schachtelhalm fein schneiden! So kann die Kieselerde besser freigesetzt werden.

Gießen Sie das Pflanzengut mit genug Regenwasser auf.

Wann anwenden?

Schachtelhalmjauche wird nur selten in großen Mengen und meist in Form von Sprühbehandlungen verwendet – allerdings das ganze Jahr über. Es ist daher sehr nützlich, gleich mehrere Kanister im Kühlen lagernd zu haben.

Wie häufig anwenden?

Gegen Pilzerkrankungen und zur Stimulation: alle acht bis zehn Tage vom Frühling bis zum August.
Als Gießbehandlung zwei- bis dreimal pro Saison, im Abstand von drei Wochen.

Farnkraut sammeln

Farnkraut wird nur selten im Garten angebaut, wird es doch dort gemeinhin als eine wahre Belastung gesehen. Sammeln Sie den Farn also „draußen" – etwa am Waldrand oder an sumpfigen Plätzen. Achten Sie dabei darauf, dass Ihr Sammelplatz nicht zuvor mit Herbizid behandelt wurde. Wenn Sie Ihren Farn im Juni sammeln und trocknen, haben Sie ihn ein ganzes Jahr lang für Zubereitungen griffbereit. Dosiert wird mit 25 g je 1 l.

Farnkrautjauche

Wirkung und Anwendung

- Farnkrautjauche wirkt als Insektizid und Insektenschutz. Verdünnt (5 %) als Sprühbehandlung hilft sie im Kampf **gegen alle Arten von Blattläusen**. Sie können einen Löffel Schmierseife beigeben, um die Wirkung zu verbessern und für bessere Haftung an den Blättern zu sorgen.
- Dank ihres Phosphorgehalts ist sie ein **guter Dünger**. Fruchtgemüse und Beerenobst werden mit verdünnter (10 %) Farnkrautjauche gegossen. Für eine höhere Stickstoffzufuhr kann auch Brennnessel beigefügt werden.
- **Gegen Drahtwürmer bzw. Schnellkäfer** gießen Sie die Pflanzen direkt vor dem Umpflanzen mit verdünnter (20 %) Farnkrautjauche.

Rezept

- Verwenden Sie 1 kg geschnittenes Pflanzengut auf 10 l Wasser. Schneiden Sie nur die jungen Wedel, lassen Sie die zu dicken Stängel beiseite.

Gut zu wissen

Efeujauche wird auf dieselbe Art zubereitet.

Sammeln Sie Ihren Farn besser nicht in Gräben – diese sind allzu oft verschmutzt.

- Schneiden Sie die Wedel sehr fein und legen Sie sie in Regenwasser ein. Rühren Sie dabei um, damit sie gut vom Wasser durchtränkt werden. Sorgfalt, vor allem beim Schneiden, ist dabei wichtig, damit der Gärungsprozess nicht gehemmt wird. Die Fermentationsdauer ist unterschiedlich: Sie hängt nicht nur von der Temperatur, sondern auch von der Beschaffenheit des Farnkrauts ab. Je mehr sich die Saison dem Ende zuneigt, desto zäher werden die Pflanzen und desto länger dauert auch die Fermentation. Rechnen Sie mit durchschnittlich zwölf bis 14 Tagen.
- Tauchen keine Blasen mehr auf, füllen Sie die Flüssigkeit gefiltert in Kanister ab.

Wann und wie häufig anwenden?

Von April/Mai bis September. Als Dünger alle zwei Wochen. Als Sprühbehandlung nach Bedarf.

Welche Farne verwenden?

Diese Zubereitung wird mit dem Adlerfarn hergestellt, der auf sauren Böden wächst. Als stark wuchernde Pflanze ist er in Gärten nur selten anzutreffen. Gesammelt wird er daher eher im Wald, denn besonders auf Waldböden wimmelt es nur so von ihm.

Härtere Pflanzenteile können mit der Gartenschere zerkleinert werden.

Jedes Mittel separat zubereiten

Wenn wir Insektizide oder Fungizide herstellen, dann wären wir bisweilen geneigt, alle wirksamen Pflanzen in einen Kessel zu werfen, und aus all dem zusammen den ultimativen Supertrank zu brauen. Bloß nicht! Die jeweiligen Inhaltsstoffe wirken in Kombination nicht oder schaden einander sogar, wenn sie gemeinsam vergärt werden.
Geben Sie vor allem keine Aromen wie Salbei, Lavendel, Thymian oder Rainfarn bei, um den Geruch der Jauche zu verbessern. Mit ihren ätherischen Ölen hemmen diese Kräuter die Fermentation. Stellen Sie also jede Zubereitung separat her (in einem 10-l-Eimer zum Beispiel) und füllen Sie sie einzeln in Kanister ab. Danach können Sie nach eigenem Ersinnen die wildesten Cocktails mixen!

Das Filtern stoppt die Fermentation.

Wichtige Schritte

Filtern

Das Abfiltern der Feststoffe dient einerseits dazu, die Gärung zu stoppen, andererseits verhindert es, dass Sprühflasche oder Gießkanne verstopfen. Je nachdem, was Sie mit der Pflanzenjauche vorhaben, kann dieser Schritt unterschiedlich aussehen.
Wer während des Filterns Handschuhe trägt, der kann sich unangenehme Gerüche vom Leib halten.
Ich entferne für gewöhnlich zuerst die großen Pflanzenreste von Hand. Diese kommen auf den Komposthaufen. Dann rühre ich um, um die Flüssigkeit gut durchzumischen und schöpfe die Jauche mit einem Kochtopf ab. Auf diese Weise bleibt der Bodensatz zurück, den ich gerne zum Gießen (ohne Gießkopf) verwende. Ich verdünne nach Bedarf (10 oder 20 %) und verwende die Mischung sofort.
Soll die Zubereitung zum Sprühen verwendet oder in Kanistern konserviert werden, dann ist beim Filtern mehr Sorg-

Dicht verschließbare Deckel sorgen für gute Konservierung.

falt gefragt. Ich verwende in solchen Fällen ein extrafeines Küchensieb. Bleiben immer noch feine Rückstände, dann lege ich das Sieb mit einem alten Stück Stoff aus.

Konservierung

Ist der Gärungsprozess abgeschlossen (*siehe Rezepte*), dann sollte die Jauche so schnell wie möglich verwendet werden. Dennoch – kein Grund zur Panik. Wenn die Temperaturen nicht zu hoch sind, dann haben Sie nach dem Verschwinden der Blasen beim Umrühren eine knappe Woche Zeit, um den Extrakt entweder sofort einzusetzen (sprühen oder gießen) oder aber abzufüllen, um ihn zu konservieren.
Zur Konservierung fermentierter Extrakte können Plastikbehälter verwendet werden, sofern diese auch wirklich dicht abgeschlossen werden können. Ob Kanister, Kannen oder Flaschen, es spielt keine Rolle – wichtig ist, dass Sie sie bis oben hin befüllen und sofort verschließen. Lassen Sie Behälter vor allem nicht geöffnet, um „mal zu sehen, was daraus wird"! Beschriften Sie die Behälter und lagern Sie die Jauche kühl im Keller.

Im Sommer zubereitete Pflanzenjauche bleibt so bis zum Frühling des Folgejahres haltbar. Somit sind Sie auch im nächsten Jahr, wenn die ersten Pflänzchen wachsen, gut versorgt und können Ihre Pflanzen das ganze Jahr über mit wichtigen Nährstoffen versorgen. Sehen Sie im Sommer, wenn es sehr heiß ist, ab und zu nach, ob sich die Behälter auch nicht aufblähen. In einem solchen Fall können Sie Abhilfe schaffen, indem Sie den Deckel kurz öffnen, damit die Gase entfliehen können, und ihn dann wieder schließen oder aber die Jauche gleich verwenden.
Sollte die Jauche im schlimmsten Fall zu faulen beginnen, so können Sie sie immer noch etwa zwei Wochen lang verdünnt zum Gießen verwenden. Sie ist als Dünger noch in Ordnung, wenn auch nicht mehr ganz perfekt. Riecht die Jauche wirklich übel und verfärbt sich grünlich, dann geben Sie Wasser bei und ab damit auf den Kompost! Vergessen Sie nicht, umzurühren.

Und all der Gestank?

Eine kleine Anekdote, damit Sie beruhigt an die Sache herangehen können:
Eine unserer Praktikantinnen kam gleich zu Beginn zu mir und sagte: „Ich helfe gerne überall mit – aber Brennnesseljauche fasse ich nicht an!" Nun gut, am nächsten Morgen also machte ich mich an die Arbeit und begann eben ganz alleine meine Brennnesseljauche für das Gießen abzumischen, während sie damit beschäftigt war, Pflanzen in einigen Metern Höhe anzubringen. Da plötzlich näherte sie sich an, beobachtete prüfend das Geschehen und schnupperte detektivisch. „Was, das ist Jauche? Das stinkt ja gar nicht so furchtbar ... das stinkt ja fast gar nicht!" Nun ja, schließlich beschäftigte sie sich doch noch einen ganzen Monat lang mit fermentierten Extrakten.

Anwendung

Ein Kinderspiel! Diese Zubereitungen sind absolut ungefährlich für den Benutzer – Sie müssen sich also nicht in einen Schutzanzug werfen, um Ihre Pflanzen zu behandeln, wie das bei chemischen Spritzmitteln manchmal der Fall ist.
Die einzige Vorkehrung, die Sie treffen müssen: Tragen Sie Handschuhe und alte Kleidung sowie einen Hut, wenn Sie Bäume oder Sträucher besprühen! Denn Düfte wie der exklusive „Beinwell N° 5" sind nun doch sehr intensive Parfums für Haut und Haar!

- **Gießen:** Zuerst wird die Jauche in die Gießkanne gegossen, anschließend je nach erforderlichem Mischverhältnis mit Wasser verdünnt (*siehe Entsprechungen laut Umrechnungstabelle auf S. 2*), umgerührt und verwendet. Das ist der Zeitpunkt, an dem Sie mehrere Extrakte mischen können, um das NPK-Trio (*siehe Kasten S. 49*) ins Gleichgewicht zu bringen. Kleines Detail: Pflanzen werden an ihrem Fuße gegossen, idealerweise in der Mulde oder zwischen den Reihen. Bei Bäumen graben

Sie am besten mit einem Spaten unterhalb der Baumkrone mehrere Löcher und befüllen Sie diese mit zwei Gießkannen Flüssigkeit pro Baum. Wirklich effektiv ist der Zusatz von Stimulatoren im Frühling und im Frühsommer. Während des Sommers ist es dafür zu heiß, und wenn es dann wieder kühler wird, lohnt es sich nicht mehr, zu stimulieren – da kommt der Herbst, und die Pflanzen erholen sich.

- **Sprühen:** Gemischt wird wie beim Gießen, nur wird die Flüssigkeit in ein Sprühgerät gefüllt. Prüfen Sie, ob die Jauche auch keine Rückstände mehr enthält. Falls doch, filtern Sie ein letztes Mal durch ein Stück Stoff, damit die Sprühdüse nicht verstopft. Insektiziden gebe ich, um die Haftung zu verbessern, extrafeine Tonerde (*siehe S. 58*) oder Schmierseife bei. Gesprüht wird am frühen Morgen oder am Abend, aber niemals vor Regen. Sprühen Sie jede Art von Behandlung (Stimulator, Fungizid, Insektizid) alle zwei Wochen, vom Frühling bis zum Sommerbeginn. Wenn es dann sehr heiß und trocken wird, hören Sie damit auf. Welke oder erschlaffte Pflanzen sind nicht aufnahmefähig. Um wieder zu beginnen, warten Sie den nächsten Regenguss ab.

Der richtige Druck ermöglicht eine optimale Verteilung.

Fermentierte Extrakte – geeignete Pflanzen und ihre Wirkung

Als Grundregel gilt: Auf 10 l Wasser wird 1 kg frisches Pflanzengut verwendet.

Pflanze	Fermentationszeit	Anwendung und Wirkungsweise
Adlerfarn (Wedel)	10 bis 12 Tage	• Insektizid (gegen alle Arten von Blattläusen). Verdünnt (5 %) sprühen. • Dünger. Verdünnt (10 %) gießen.
Beinwell (Blätter, Stängel und Blüten) ***Siehe auch S. 49***	8 bis 10 Tage	• Stimulator. Verdünnt (5 %) sprühen. • Dünger und Stimulator. Verdünnt (20 %) gießen.
Brennnessel (Blätter und Stängel) ***Siehe auch S. 50***	8 bis 10 Tage	• Stimulator. Verdünnt (5 %) sprühen. • Dünger und Stimulator. Verdünnt (10 %) sprühen. • Stimulator vor dem Umpflanzen. Verdünnt (20 %) wässern.
Holunder (Blätter) ***Siehe auch S. 53***	6 bis 8 Tage	• Stimulator (Pflanzenwachstum). Verdünnt (10 %) gießen.
Klette (Blätter und Wurzeln)	5 bis 6 Tage	• Fungizid (gegen Falschen Mehltau bei Kartoffeln). Verdünnt (5 %) sprühen. • Dünger und Stimulator. Verdünnt (10 %) gießen.
Lavendel (Blüten und Stängel) ***Siehe auch S. 49***	10 bis 12 Tage	• Insektenschutz. Verdünnt (10 %) sprühen.
Löwenzahn (Blätter, Blüten, Wurzeln) ***Siehe auch S. 51***	10 bis 14 Tage	• Fungizid. Mit Wasser-Tonerde-Mischung verdünnen (5 %). • Stimulator für Obstbäume. Verdünnt (10 %) gießen.
Rainfarn (Blüten und Blätter) ***Siehe auch S. 54***	6 bis 8 Tage	• Insektenschutz. Verdünnt (10 %) sprühen.
Schachtelhalm (Blätter und Stängel)	8 bis 14 Tage	• Stimulator (zur Stärkung der Jungpflanzen im Frühling). Verdünnt (5 %) sprühen. • Fungizid (gegen Echten Mehltau und viele Pilzkrankheiten). Verdünnt (10 %) sprühen. • Gegen Eisenchlorose. Verdünnt (20 %) gießen.
Seifenkraut (Blätter und Blüten) ***Siehe auch S. 52***	8 bis 10 Tage	• Insektizid (gegen Blattläuse). Verdünnt (10 %) sprühen.
Wermut 2 kg auf 10 l (Blätter und Blüten) ***Siehe auch S. 46***	8 bis 10 Tage	• Insektizid gegen Raupen und Blattläuse. Verdünnt (20 %) sprühen.

Ein bisschen Abwechslung macht Freude ...

Damit es nicht zu einer Gewöhnung kommt, ist es besonders bei Insektiziden wichtig, mit den Behandlungen zu variieren. Entdecken Sie bei dieser Gelegenheit auch gleich die Freuden des Herumexperimentierens! Ich bin überzeugt davon, dass wir erst am Anfang stehen, und dass Mutter Natur unzählige wertvolle Mittel bereithält, mit denen wir unserem Garten blühendes Leben schenken können. Wir müssen uns nur mit ihnen beschäftigen – das kostet nichts und fügt unserer Umwelt keinen Schaden zu.

Zubereitungen mit ätherischen Ölen

Wenn es um die Behandlung menschlicher und tierischer Leiden geht, haben sich ätherische Öle als Arzneimittel längst etabliert. In der Pflanzenpflege werden sie erst seit Kurzem verwendet. Experimente lassen allerdings davon ausgehen, dass sie in Zukunft eine immer wichtigere Rolle spielen werden.

Mit ihrem sehr hohen Wirkstoffgehalt kommen ätherische Öle **nur in schwierigen Fällen** zum Einsatz. Blattlausbefall zum Beispiel wird zuerst mit Schmierseife behandelt – zum ätherischen Öl der Minze wird erst dann übergegangen, wenn der Befall wirklich hartnäckig ist und die Pflanze schädigt. Nur bei Holz fressenden Insekten greifen wir direkt zum ätherischen Öl. Eine neue Art, Pestiziden den Kampf anzusagen und sich dabei ganz nebenbei mit guten Düften zu umgeben!

Keine Zauberei! Mit nur ein paar Fläschchen bringen Sie Gesundheit in Ihren Garten.

Wichtige Hilfsmittel

- **Auflösung mit Tensiden**

Da ätherische Öle nicht wasserlöslich sind, müssen sie mit biologischem Geschirrspülmittel oder Schmierseife gelöst werden, bevor wir sie Sprühbehandlungen beigeben können. Dafür lösen Sie 20 Tropfen ätherisches Öl (je nach Behandlung) in einer haselnussgroßen Menge Schmierseife oder drei bis vier Tropfen flüssigem Spülmittel auf. Verdünnen Sie die Mischung anschließend mit einem Glas Wasser und rühren Sie diese Emulsion in Ihre Zubereitung ein (*siehe auch S. 64*).

- **Besseres Zerstäuben mit Tonerde**

Damit Zubereitungen auf Basis von ätherischen Ölen besser haften und sich verteilen, ist es äußerst hilfreich, extrafeine Tonerde (weiß oder grün) beizugeben. Tonerde bindet die Wirkstoffe des ätherischen Öls an sich. So bleiben diese so lange wie möglich an den Blättern haften und die Wirkung der Behandlung wird verstärkt.

Wichtige Unterstützung: Tonerde

Damit Zubereitungen auf Basis von ätherischen Ölen besser an den Pflanzen haften und sich verteilen, ist es hilfreich, extrafeine Tonerde (weiß oder grün) beizugeben. Tonerde bindet die Wirkstoffe der ätherischen Öle an sich. So bleiben diese so lange wie möglich an den Blättern haften, wodurch die Wirkung der Behandlung verstärkt wird.

1 und 2 Stellen Sie ein Tonerde-Wasser-Gemisch her, indem Sie 1 gestrichenen TL Tonerde in 1 l Regenwasser rühren, bis die Tonerde sich vollständig aufgelöst hat.

Insektizid

Ätherische Öle können einzeln oder aber in Kombination verwendet werden, zum Beispiel in einem Pfefferminz-Lavendel-Gemisch. Diese klassische Kombination bekämpft viele Blattlausarten, Raupen etc.

Rezept

1 und 2 Für 1 l mischen Sie eine haselnussgroße Menge Schmierseife (oder drei bis vier Tropfen flüssiges Spülmittel) mit 20 Tropfen ätherischem Öl.

3 Geben Sie ein Glas Wasser bei und rühren Sie gut durch, damit sich die Mischung gut auflöst. (Zur Erinnerung: Wenn Sie das ätherische Öl nicht vorher mit Schmierseife oder flüssigem Spülmittel abgemischt haben, kann es sich nicht auflösen!) Stellen Sie das Gemisch vorerst beiseite.

4 Stellen Sie dann ein Tonerde-Wasser-Gemisch her, wie oben beschrieben. Füllen Sie es in eine Sprühflasche und rühren Sie die Öl-Mischung ein.

5 Schließen Sie den Behälter, schütteln Sie ihn gut und sprühen Sie los! Um holzfressende Insekten zu bekämpfen, ist es der praktischste Weg, die Zubereitung mit einer Spritze direkt in die Löcher im Holz zu spritzen.

Wann und wie häufig anwenden?

Bei Befall ein- oder zweimal im Abstand einer Woche.

Insektenschutzmittel

Insektenschutzmittel werden wie Insektizide hergestellt, wirken aber aufgrund ihrer Inhaltsstoffe eher präventiv. Mithilfe bestimmter Duftstoffe hindern sie Insekten daran, sich auf Pflanzen niederzulassen oder sie zu fressen. Manche Zubereitungen sind Insektenschutz und Insektizid in einem. Zitronengras, Knoblauch, Lavendel oder Kampferbaum sind sehr wirksame Mittel.

Fungizid

Manche ätherischen Öle wirken fungizid (*siehe Auflistung S. 45*). Oregano ist zum Beispiel, nach dem folgenden Rezept zubereitet, ein sehr wirksames Mittel, besonders gegen Falschen Mehltau.

Rezept

1 Mischen Sie eine haselnussgroße Menge Schmierseife (oder drei bis vier Tropfen flüssiges Spülmittel) mit 20 Tropfen ätherischem Öl.

2 Gießen Sie die Mischung mit einem Glas Wasser auf und rühren Sie mit einem Schneebesen gut durch, um eine homogene Flüssigkeit zu erhalten.

3 Stellen Sie ein Tonerde-Wasser-Gemisch her, indem Sie 1 gestrichenen TL Tonerde in 1 l Regenwasser rühren, bis die Tonerde sich vollständig aufgelöst hat. Füllen Sie die Tonerde-Mischung gemeinsam mit der Öl-Seifen-Emulsion in eine Sprühflasche. Schließen Sie die Flasche und schütteln Sie die Zubereitung gut durch.

Wann und wie häufig anwenden?

Nach Bedarf.

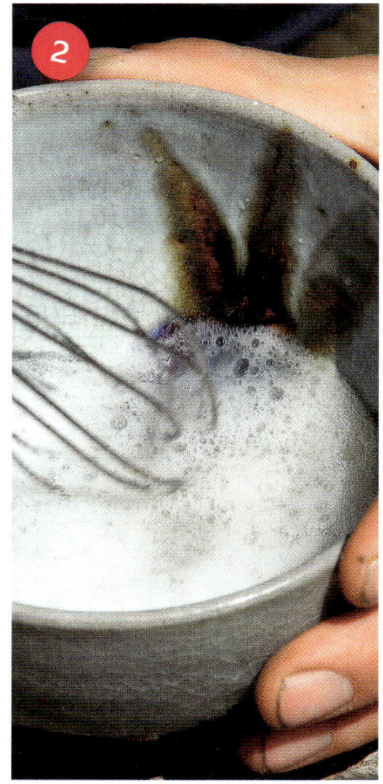

Speziell für Bäume: Insektizider Wundverschluss aus ätherischen Ölen und Bienenwachs

Insekten fügen unseren Bäumen bisweilen schwere Schäden zu. Indem sie tunnelartige Fraßgänge durch seinen Stamm oder seine Äste fressen, können sie einen Baum mitunter sogar töten. Hat sich der Schädling beim Wirt einmal eingenistet, dann ist es sehr schwierig, ihn wieder loszuwerden. Eine Lösung kann es sein, Löcher mithilfe von Wachs abzudichten, das mit ätherischem Lavendel-, Knoblauch- oder Kampferöl angereichert wurde. Besonders wirksam ist dieses Mittel, wenn Sie früh einschreiten. Beginnen Sie mit der Behandlung, sobald Sie erste Spuren von Schädlingsbefall an Ihrem Baum erkennen können: Sägemehl-Häufchen, Einbohrlöcher etc.
Die folgende Zubereitung kann an allen Bäumen, auch Obstbäumen, zur Bekämpfung aller holzfressenden Insekten angewendet werden: Prachtkäfer, Bockkäfer, Holzbohrer etc.

Rezept

1 Nehmen Sie ein Stück natürliches Bienenwachs vom Imker zur Hand, das zuvor an einer Wärmequelle oder in der Sonne angewärmt wurde, und schneiden Sie es in 1 cm^3 große Würfel.

2 Legen Sie die Würfel in eine Schale mit heißem Wasser, damit sie ganz weich werden, und formen Sie dann mit der Hand daraus geschmeidige Wachskugeln.

3 und 4 In eine kleine Mulde träufeln Sie einige Tropfen ätherisches Lavendelöl. Kneten Sie die Wachsmasse schnell noch einmal durch.

5 Legen Sie das Einbohrloch mit einem gut geschliffenen (Taschen-)Messer frei. Führen Sie ein Stück Eisendraht ein, um die Öffnung auszuloten und von Sägemehl zu befreien (und dabei vielleicht auch gleich die eine oder andere Larve zu töten).

6 Tropfen Sie anschließend einen Tropfen ätherisches Öl auf eine Baumwollschnur und führen sie diese vorsichtig so weit wie möglich in den Fraßgang ein.

7 Spachteln Sie dann den Fraßgang mithilfe eines Messers sorgfältig mit Bienenwachs zu. Verfahren Sie so mit jedem Einbohrloch.

Dieses Insektizid bzw. Insektenschutzmittel hält nebenbei noch andere Schädlinge davon ab, sich in dem geschwächten Baum einzunisten, und ermöglicht außerdem eine gute Wundheilung.

Ein Tipp

Wenn das Loch in einen großen Fraßgang führt, können Sie versuchen, mithilfe einer Spritze eine Mischung aus ätherischem Chili-Öl (oder Kampfer-Öl) und Rapsöl, das mit einem Tropfen flüssigem Spülmittel abgemischt wurde, zu injizieren.

Wann und wie häufig anwenden?

Nach Bedarf.

Variante

Wenn's schnell gehen muss: Gewöhnliche Wachs-Ohrstöpsel mit ein paar Tropfen insektizidem ätherischem Öl beträufeln!

Ätherische Öle und ihre Wirkung

Im Garten werden ätherische Öle in erster Linie als Insektizide oder Fungizide verwendet. Wenn Sie es im Haus oder am Balkon mit Parasiten zu tun haben, dann denken Sie praktisch: Verwenden Sie besser ätherische Öle mit angenehmem Duft, wie Zitronengras oder Rosengeranie. Knoblauch- oder Chili-Öl kommen dort zum Einsatz, wo Haus und Kinder weit entfernt sind. (Bei schwierigen Auseinandersetzungen mit Nachbarn, die regelmäßig für Pestizidaromen sorgen, kann Knoblauch ebenfalls zu einem schlagkräftigen Argument werden!)

Vorsicht!
Ätherische Öle sind keine harmlosen Produkte und müssen mit Vorsicht verwendet werden. Das gilt besonders für „aggressive" Öle, wie Knoblauch, Chili oder Weinraute. Schützen Sie sich, indem Sie Arme und Beine bedeckt halten und Gesichtsschutz, Brillen sowie eine Kopfbedeckung tragen. Waschen Sie sich nach der Sprühbehandlung gründlich mit Marseille-Seife.

Ätherische Öle mit insektizider Wirkung

- **Knoblauch:** gegen Blattläuse, Ameisen, blattfressende Raupen, holzfressende Insekten als Injektion
- **Kampfer:** gegen holzfressende Insekten
- **Java-Zitronengras:** gegen Blattläuse, zur Abwehr von Mücken und Fliegen
- **Rosengeranie:** gegen Blattläuse, Schildläuse, Mottenschildläuse
- **Speiklavendel:** gegen Blattläuse
- **Pfefferminze:** gegen Blattläuse, Raupen
- **Piment (Jamaikapfeffer):** gegen Blattläuse, Schildläuse, holzfressende Insekten (besser als Anstrich oder Injektion verwenden anstatt als Sprühbehandlung)
- **Weinraute:** gegen Blattläuse, Raupen

Ätherische Öle mit fungizider Wirkung

- **Knoblauch:** gegen Echten Mehltau
- **Zypresse:** bei Nadelbäumen, in Kombination mit gängigen Pflanzenstärkungs- und -hilfsmitteln
- **Oregano:** gegen Falschen Mehltau (bei Tomaten, Kartoffeln, Rosen, Trauben etc.) und Rußtau (schwarzer Pilz)
- **Bohnenkraut:** gegen Kräuselkrankheit vorbeugend, Falschen Mehltau, Krebs bei Obst- und Zierbäumen
- **Sandthymian:** gegen Baumkrebs, Falschen Mehltau, Echten Mehltau
- **Rainfarn:** gegen Rost, eventuell in Kombination mit anderen Pflanzenstärkungsmitteln bei Rosen, Stockrosen, Malven etc.

Die 12 nützlichsten Pflanzen im Garten

Wenn Sie Pflanzenschutzmittel selbst herstellen möchten, dann ist es sehr hilfreich, den Rohstoff in greifbarer Nähe zu haben. Wie ein Arzneimittel, das wir im Notfall aus dem Arztkoffer ziehen, helfen diese wertvollen Kräuter unserem Garten gerade dann, wenn es besonders schnell gehen muss. Unter allen Pflanzen, die sich einfach züchten lassen oder die wild im Garten wachsen, stelle ich Ihnen hier jene 12 vor, die ich für meine Zubereitungen am häufigsten verwende.

Artemisia

Die Gattung *Artemisia* mit ihren zahlreichen Arten ist eine Arznei, der wir unsere Aufmerksamkeit schenken sollten. Vielseitig einsetzbar und einfach zu kultivieren, sind diese Pflanzen äußerst kostbare Kräuter, die im Gemüsegarten oder unter Obstbäumen angebaut werden können.

Die bekanntesten Arten sind die *Artemisia absinthium,* der Gemeine Wermut, die eine gräuliche Farbe hat und sehr große Dimensionen annehmen kann; die strauchartig wachsende *Artemisia alba* mit ihrer dunkelgrünen Farbe; die *Artemisia abrotanum,* die sich unter dem Namen „Eberraute" in der Volksmedizin einen Namen gemacht hat; und die *Artemisia annua,* der Einjährige Beifuß, die aktuell Gegenstand von Forschungen ist, da sie mit ihrer keimhemmenden Wirkung als Unkrautvernichtungsmittel zum Einsatz kommen könnte.

Andere *Artemisia*-Arten können Sie bei Spaziergängen durch die Natur entdecken. Alle mögen sie durchlässige, trockene Böden und sind resistent gegenüber Trockenheit. Vermehren lässt sich Wermut beispielsweise über Stecklinge oder Samen.

Verschiedene *Artemisia*-Arten

Wirkung

Die starken Duftstoffe der *Artemisia*-Arten wirken störend auf Insekten, wenn diese sich der Pflanze nur annähern.

Anwendung

Für Pflanzenpflegeprodukte verwendet man die Blätter, aber auch die Zweigspitzen.

- **Aufguss:** 100 g frisches oder 20 g trockenes Pflanzengut auf 1 l Wasser. Verdünnt (20 %) sprühen. Gegen Blattläuse, den Großen Kohlweißling etc.
- **Abkochung:** 100 g frisches oder 20 g trockenes Pflanzengut 24 h lang in 1 l Wasser einlegen, anschließend 20 min kochen. Sprühen. Gegen Blattläuse.
- **Fermentierter Extrakt:** 2 kg frisches Pflanzengut acht bis zehn Tage lang in 10 l Wasser einlegen. Verdünnt (20 %) sprühen. Gegen Blattläuse und Raupen. Versuchsweise auch gegen Pilzerkrankungen.

Und das ätherische Öl?

Das ätherische Öl des Wermuts beispielsweise kann gegen Apfelwickler eingesetzt werden. Es enthält das Nervengift Thujon und muss daher mit Vorsicht verwendet werden.

Schafgarbe

Knoblauchzehe

Gemeine Schafgarbe (*Achillea millefolium*)

Die Gemeine Schafgarbe ist eine hübsche Pflanze, die häufig auf unseren Wiesen, Weiden oder an Wegrändern anzutreffen ist. Mit ihren behaarten Blättern, ihrem weißen oder rosafarbenen Blütenschirm und ihrem wunderbaren Duft ist sie leicht zu erkennen. Es handelt sich um eine äußerst widerstandsfähige Pflanze, von der wir dank ihres breiten Vorkommens reichlich verwenden können.
Die Gemeine Schafgarbe kann im Garten einfach kultiviert werden, zum Beispiel in Blumenbeeten oder am Fuße eines Baumes. Die Vermehrung der Schafgarbe erfolgt über Samen oder über Ausläufer. Die Pflanzen sterben regelmäßig jedes Jahr ab.

Wirkung

In der biodynamischen Landwirtschaft stellt die Gemeine Schafgarbe eine der wichtigsten Arzneien dar. Als **Stimulator** verbessert sie den Kompost. Sie **verstärkt die Wirkung von Fungiziden** und ruft bei Pflanzen einen natürlichen Abwehrmechanismus hervor, mit dem sie sich gegen Angriffe schützen können.

Anwendung

Von Juni bis September werden die Blüten gesammelt. Sie können, in frischem oder getrocknetem Zustand, für Auszüge verwendet werden: 100 g frische Blüten werden zwei Tage lang in 1 l Wasser eingelegt. Zur Stimulation verdünnen Sie (5 %) das Mazerat und sprühen Sie abends. Als Fungizid-Zusatz verwenden Sie es ebenfalls verdünnt (10 %).

Und das ätherische Öl?

Ätherisches Schafgarbenöl schützt vor Insekten und fördert das Wachstum der behandelten Pflanzen (im Frühling anwenden).

Lauch (*Allium*)

Knoblauch (*Allium sativum*) beispielsweise enthält einen für den Garten sehr kostbaren Wirkstoff: Schwefel.
Gepflanzt wird er auf gesundem Boden im Herbst. Die Knollen können jahrelang in der Erde gelassen werden.

Wirkung

Knoblauch ist ein wirksames Mittel **gegen Pilzerkrankungen** – sowohl im Gemüse- als auch im Obstbaumgarten. Wer ihn unter Pfirsichbäume pflanzt, der schlägt zwei Fliegen mit einer Klappe: Hier wirkt er der Kräuselkrankheit entgegen. Für diese Art der Anwendung kommen neben gewöhnlichem Knoblauch auch Schlangen-Lauch, Bärlauch oder Weinberg-Lauch infrage.
Für Zubereitungen zur Pflanzenpflege allerdings wird der gewöhnliche Knoblauch verwendet. Er hat eine **fungizide** und **insektizide Wirkung**.

Anwendung

Die Zehen werden mitsamt der Schale verwendet.

- **Ölauszug:** 100 g gehackten Knoblauch 24 h in 3 EL Olivenöl einlegen. Dann 1 EL Schmierseife und 1 l Wasser beigeben. Durch ein feines Sieb filtern. Wirkt verdünnt (5 %) als Sprühbehandlung zum Beispiel gegen Blattläuse, Milben, Kartoffelkäfer, aber auch gegen Pilzerkrankungen. Regelmäßig wiederholen. Zur Abwehr von Hasen und Rehen verdünnt (10 %) sprühen.

- **Abkochung:** 100 g Knoblauch 24 h in 1 l Wasser einlegen, anschließend 20 min kochen. Gegen Blattläuse pur sprühen. Gegen diverse Pilzerkrankungen verdünnen (20 %).

Und das ätherische Öl?

Ätherisches Knoblauchöl hilft wirksam gegen Pilzerkrankungen und Insekten. Es ist allerdings den harten Fällen vorbehalten und muss mit Vorsicht verwendet werden, vor allem wenn die Behandlung in der Höhe stattfindet. Schützen Sie sich!

Anwendung

Für Zubereitungen nutzen wir die Blätter, zur Herstellung von fermentiertem Extrakt auch einen Teil der Wurzeln: 1 kg Blätter mit ein paar Wurzeln (wenn Sie es schaffen, diese herauszureißen!) einige Tage in 10 l Wasser fermentieren lassen. (Achtung: Kann bei Hitze sehr schnell faulen!) Als Prävention gegen Falschen Mehltau verdünnt (5 %) auf die Blätter sprühen.

Als Dünger für Fruchtgemüse, Rosen, Beeren verdünnt (10 %) gießen. Wegen seines hohen Kaliumgehalts sehr wirksam!

Klette (*Arctium lappa*)

Die Berühmtheit eines Superstars unter den Heilpflanzen hat die Große Klette nie erlangt – in ihrer Wirkung ist sie allerdings genauso interessant wie Beinwell & Co. Die Große Klette ist eine zweijährige Pflanze mit großen Blättern und rosavioletten Blütenköpfen, die vorwiegend an verlassenen Orten wächst, zum Beispiel auf Brachflächen, Aufschüttungen oder in Auwäldern. An „wilden" Plätzen findet man sie selbst in der Stadt ganz einfach.

Kletten im Garten anzubauen ist nicht schwer – ganz im Gegenteil: Ihre Präsenz wird keinesfalls unentdeckt bleiben! Die Klette vermehrt sich problemlos, wahrscheinlich zu stark – um Wucherung zu vermeiden, genügt es, die verblühten Pflanzenteile abzuschneiden und nur so viel stehen zu lassen, wie Sie auch gebrauchen können.

Wirkung

Für Fruchtgemüse, Rosen und Beeren ist die Klette dank ihres hohen Kaliumanteils ein **ausgezeichneter Stimulator** (Dünger). **Präventiv** wirkt die Klette **gegen Falschen Mehltau**. Zerstampft dient die Klette sehr gut als Mulch für Tomaten.

Große Klette

Beinwell

NPK – was ist das?

Um gesund leben, kräftig sprießen und saftige Früchte tragen zu können, brauchen unsere Pflanzen Nährstoffe. Die wichtigsten sind Stickstoff, Phosphor und Kalium. Auf Düngern, die wir im Handel kaufen können, prangt daher oft das Zeichen „NPK".

Stickstoff (N) unterstützt besonders das Stängel- und Blätterwachstum.

Phosphor (P) ist für die Blüten- und Samenbildung verantwortlich.

Kalium (K) hilft bei der Bildung von Knolle, Wurzeln und Früchten.

Beinwell (*Symphytum*)

Zur Herstellung von Pflanzenpflegeprodukten können alle Beinwellarten verwendet werden. Einige von ihnen sollten allerdings besser nicht im Garten angebaut werden, da sie schnell überhandnehmen – sammeln Sie solche „Eroberer" besser in der freien Natur! Für den Garten eignet sich besonders die diskretere Sorte „Bocking 14". Damit Sie sich regelmäßig über eine reiche Ernte freuen können, setzen Sie die Pflanze auf guten Boden. Im Sommer sollte sie ab und an gegossen werden, in heißeren Gegenden bevorzugt sie Halbschatten. Die Vermehrung erfolgt ganz einfach im Frühling über Ableger.

Wirkung

Als Sprühbehandlung **dient** Beinwell besonders solchen **Pflanzen**, die nach Heilbehandlungen **Erholung** brauchen. Zur Zubereitung werden die Blätter genommen, noch bevor die Pflanze rosaviolett blüht. Größere Pflanzen können mehrmals pro Jahr geschnitten werden, denn sie wachsen sehr schnell nach. Reich an Kalium und Phosphor unterstützt Beinwell im Garten besonders Frucht- und Wurzelgemüse. Auch andere Pflanzen lassen sich mit Beinwell gut stimulieren – er wirkt dabei sanfter als zum Beispiel die Brennnessel. Besonders gut eignet er sich für Rosen, Gewürzkräuter etc. – alle Pflanzen, die auf Stickstoff schnell beleidigt reagieren.

Anwendung

- **Abkochung:** 100 g frische (oder 20 g getrocknete) Blätter 24 h in 1 l Wasser einlegen, anschließend 20 min kochen. Gegen Blattläuse pur sprühen. Zur Stimulation geschwächter Pflanzen verdünnt (20 %) gießen.
- **Fermentierter Extrakt:** 1 kg frisches Pflanzengut (Blätter, Stängel, Blüten) etwa zehn Tage in 10 l Wasser fermentieren lassen. Zur Stimulation junger Pflanzen im Frühling verdünnt (5 %) sprühen. Zur Förderung von Pflanzenwachstum und Reifung verdünnt (10 %) gießen. Reste kommen auf den Kompost und fördern dort die Reifung.

Lavendel (*Lavandula*)

Lavendelfelder, die sich über die Landschaften Südfrankreichs erstrecken, all die schönen Blau- und Violett-Töne, ein wunderbar betörender Duft – als Gartenfreunde lieben wir den Lavendel. Unsere Pflanzen tun das nicht weniger! Besonders wirksam ist die Art *Lavandula latifolia*, zu Deutsch Speiklavendel genannt, mit ihrem kampferartigen Duft. Im Garten wird der Speiklavendel in der Nähe von Pflanzen angebaut, die anfällig für Blattläuse sind, besonders Rosen und Obstbäume.

Um einen hohen Wirkstoffgehalt zu erlangen, sollte der Lavendel auf trockenem Boden in der prallen Sonne wachsen, ohne zu viel Kompost und ohne Bewässerung. Sie können *Lavandula latifolia* oder auch hybride Arten anbauen, zum Beispiel „Arabian night", „Grosso", „Impress purple" oder „Julien".
Bei hybriden Arten erfolgt die Vermehrung einfach über Samen oder Ableger, die an der Mutterpflanze bleiben müssen.

Wirkung

Lavendel kann als **Insektizid** oder **Insektenschutz** eingesetzt werden.

Anwendung

Lavendel kann in frischem oder getrocknetem Zustand verwendet werden. Zur Aufbewahrung muss er am Anfang der Blütezeit – je nach Sorte im Juni oder Juli – gesammelt und zum Trocknen an einem gut durchlüfteten Ort im Halbschatten auf ein Gitterbrett gelegt werden.

- **Aufguss:** 100 g frische (oder 20 g getrocknete) Blüten mit 1 l Wasser aufgießen. Gegen Blattläuse pur sprühen.
- **Fermentierter Extrakt:** 1 kg frisches Pflanzengut (Blüten und Stängel) in 10 l Wasser etwa zehn Tage fermentieren lassen. Gegen Blattläuse und Ameisen verdünnt (10 %) verwenden.

Und das ätherische Öl?

Das ätherische Lavendelöl eignet sich besonders gut zur Abwehr von Insekten und als Insektizid, besonders bei Blattläusen, oder in Kombination mit anderen ätherischen Ölen gegen holzfressende Insekten.

Brennnessel (*Urtica dioica*)

Die Brennnessel ist zweifellos die Königin unter den gärtnerischen Heilmitteln. Ihr Wohnraum sind vernachlässigte Orte, Flussufer, Waldränder – dort wächst das wirksame Kraut in Hülle und Fülle, und unser Sammeldurst ist schnell gestillt. Im Garten kann sie entweder in einer Ecke gedeihen, oder auch als Schutzwall dienen, indem sie Marienkäfern und Schmetterlingen Platz bietet.
Die Brennnessel vermehrt sich durch Samen oder durch Ausläufer. Große Erträge bringt sie uns, wenn sie an einem Platz wächst, an dem sie vor aggressiver Sonneneinstrahlung geschützt ist und auf Boden, der im Sommer nicht zu sehr austrocknet.
Ernten Sie die Pflanze vor der Blüte. Tragen Sie dabei Handschuhe, und schneiden Sie nicht zu viel auf einmal ab, um sie nicht zu sehr zu schwächen!

Wirkung

Mit ihrem hohen Stickstoff- und Eisengehalt eignet sich die Brennnessel gut als **Dünger**. Auch kann sie als **Insektizid, Insektenschutz** oder **Fungizid** eingesetzt werden.

Anwendung

Die Brennnessel kann frisch oder – sofern Sie welche vorrätig haben – getrocknet verwendet werden. Trocknen lassen sich Brennnesselpflanzen schnell, indem sie an einem trockenen und lichtgeschützten Ort aufgelegt werden.

- **Auszug:** 100 bis 200 g frische Blätter 48 h in 1 l Wasser einlegen. Gegen Blattläuse und Milben pur sprühen.
- **Abkochung:** auf 1 l Wasser 50 g Wurzeln verwenden. Als Fungizid verdünnt (10 %) sprühen.
- **Fermentierter Extrakt:** 1 kg frisches Pflanzengut (Blüten und Stängel) acht bis zehn Tage in 10 l Wasser fermentieren lassen. Verdünnt (5 %) sprühen zur Stimulation von jungen Pflanzen und von Pflanzen, deren Blätter ein wenig lasch sind. Verdünnt (10 %) gießen zur Stärkung des Pflanzenwachstums und zur Bekämpfung von Eisenchlorose. Überschüssige Jauche kommt auf den Kompost und hilft dort bei der Zersetzung. Weniger stark verdünnt (20 %) kann der Extrakt zum Wässern von Jungpflanzen beim Umsetzen verwendet werden. Zum Eintauchen von Wurzeln vor der Pflanzung (*siehe S. 97*) kann er anstelle des Wassers verwendet werden.

Löwenzahn (*Taraxacum dens leonis*)

Der Löwenzahn ist eher als Unkraut bekannt, denn als Heilmittel für den Garten – dabei verdient er durchaus unsere positive Aufmerksamkeit. Unter anderem deswegen, weil er bereits früh im Frühling blüht, wenn unsere Obstbäume die erste Pflege benötigen, Madame Brennnessel aber noch friedlich vor sich hin schlummert. Vom Löwenzahn gibt es zweifellos genug – uns Gartenliebhabern kann das schon mal den Schweiß auf die Stirn treiben. Schlagen wir also zwei Fliegen mit einer Klappe: Nachdem wir ordentlich gejätet haben, setzen wir einen ersten Eimer als Pflanzenjauche an. Das Jäten sollte mit dem Hohlmeißel geschehen, da Löwenzahn als Ganzes, inklusive Wurzeln, Blüten und Blättern verwendet werden sollte.

Löwenzahn wächst überall auf Feldrändern, Weiden und grünen Wiesen. Sammeln Sie ihn nicht auf konventionell bebauten Feldern, da sich darin Pestizide verstecken könnten. Ihn im Garten anzubauen, funktioniert problemlos – er vermehrt sich sehr leicht über Samen. Unter Apfelbäumen gibt er einen guten Teppich ab.

Überschüssiges Pflanzengut können Sie von März bis Juni trocknen, indem Sie es an einem sehr gut durchlüfteten Platz auflegen.

Wirkung

Löwenzahn ist nicht nur aufgrund seiner frühen Blüte interessant, er ist außerdem ein **guter Stimulator**. Am häufigsten eingesetzt wird er aber im biodynamischen Gartenbau, und zwar zur **Prävention von Pilzerkrankungen**. Die Behandlung erfolgt zwei- bis dreimal im Frühling.

Anwendung

Fermentierter Extrakt: 1 kg frisches Pflanzengut (Blätter, Blüten und Wurzeln) zwei Wochen in 10 l Wasser fermentieren lassen. Gegen Pilzerkrankungen mit einem Tonerde-Wasser-Gemisch verdünnt (5 %) sprühen. Zur Stimulation von Obstbäumen verdünnt (10 %) gießen oder die Blätter besprühen.

Heiligenkraut (*Santolina chamaecyparissus, S. neapolitana, S. viridis*)

In trockeneren Gegenden ist das Heiligenkraut ein Klassiker. Mit seinen fein zerteilten Blättern, seiner – je nach Art – hellgrauen oder grünen Farbe und seinen kleinen gelben Blütenkörbchen sorgt es für hübsche Akzente im Kräutergarten. Auf gut dränierten Böden an sonnigen Plätzen lässt sich Heiligenkraut leicht anbauen. Seine Widerstandsfähigkeit gegenüber Trockenheit ist einzigartig – trockene Bedingungen sorgen überhaupt erst dafür, dass es seine Wirkstoffe bilden kann. Die Vermehrung erfolgt einfach über Stecklinge oder durch Entnahme eines Absenkers von der Mutterpflanze. Sie haben mehrere Arten zur Auswahl, allesamt verströmen sie einen intensiven Duft – pflanzen Sie, was Ihnen Freude macht!

Wirkung

In der Volksmedizin für Mensch und Tier hat sich das Heiligenkraut als Mittel gegen Wurmbefall einen Namen gemacht. Im Garten dient es zur **Abwehr von Insekten** oder als **Insektizid** gegen Blattläuse, Milben und Mottenschildläuse.

Anwendung

Verwendet werden Blüten und Blätter, die zu Beginn der Blütezeit im Juni/Juli gesammelt werden.

Aufguss: 100 g frisches (oder 20 g trockenes) Pflanzengut auf 1 l Wasser verwenden. Als Insektizid unverdünnt sprühen.

Getrocknet in Bündeln kann das Heiligenkraut im Haus gegen Motten verwendet werden. Eventuell mit Pfefferminze und Muskatellersalbei mischen.

Und das ätherische Öl?

Das ätherische Öl kann auch in einer Sprühlösung verwendet oder auf einen Stein getropft werden, den Sie in den Kleiderkasten legen.

Für die Pflanzenpflege eignen sich viele Arten des Heiligenkrauts.

Seifenkraut (*Saponaria officinalis*)

Mit dem Siegeszug der Chemie in unseren Haushalten musste das hübsche Seifenkraut mit seinen wohlig duftenden Blütenbüscheln seinen Fixplatz im Garten irgendwann abtreten. Früher wurden vor allem seine Wurzeln verwendet, jedoch enthält die ganze Pflanze Saponin. Man findet sie häufig in Gräben, in der Nähe von Flüssen und oft in großen Mengen auf den Ruinen verlassener Gebäude.

Wenn Sie Seifenkraut anbauen möchten, dann geben Sie ihm Platz, da es sich über weit auslaufende Rhizome ausbreitet. Seifenkraut mag kühle Böden und Sonne.

Wirkung

Seifenkraut wirkt **gegen Blattläuse** und unterstützt Insektizide bei ihrer Wirkung.

Anwendung

- **Aufguss:** 100 g frisches oder 20 g trockenes Pflanzengut auf 1 l Wasser verwenden. Gegen Blattläuse unverdünnt sprühen.
- **Abkochung:** 100 g Wurzeln auf 1 l Wasser verwenden. Gegen Blattläuse sprühen (stärkere Wirkkraft als Aufguss).
- **Fermentierter Extrakt:** 1 kg Pflanzengut acht bis zehn Tage in 10 l Wasser fermentieren lassen. (Bei der Fermentation bildet sich Schaum, das ist normal!) Gegen Blattläuse verdünnt (10 %) sprühen. Diese Zubereitung wirkt auch generell als Abwehr von Insekten.

Sie können die Eigenschaften des Seifenkrauts auch nutzen, indem Sie es anderen Zubereitungen beigeben. Das darin enthaltene Saponin wirkt als Netz- und Haftmittel – es sorgt dafür, dass Pflegeprodukte besser an der Pflanze haften bleiben.

Holunder (*Sambucus nigra*)

Als eine sehr bescheidene Pflanze, die schon auf den dürftigsten Plätzchen gedeiht, ist dieser kleine Baum mit den ausladenden Ästen hierzulande fast jedem bekannt. Im Frühling trägt er weiße Dolden, im Herbst sind seine schwarzen Beeren den Vögeln eine wahre Delikatesse. Uns Gärtner interessieren hingegen besonders seine – eher unangenehm riechenden – Blätter. Der Schwarze Holunder wächst an Bächen und in Auwäldern, an verlassenen Häusern, an Wegrändern – kurz, überall dort, wo er seinen Frieden hat! Auch in Städten bewohnt er gerne die vernachlässigten Plätze. Holunder zu sammeln gestaltet sich daher sehr einfach.

Doch es lohnt sich durchaus, einen Holunderstrauch, an Hecken oder Hainen gepflanzt, im Garten zu haben. Alle Sorten und Arten sind geeignet, besonders dann, wenn Sie ihn regelmäßig schneiden, sodass genug Jungholz mit vielen Blättern entsteht.

Seifenkraut

Holunder

Wirkung
Alle Holunderarten können zur **Abwehr** von Angreifern eingesetzt werden, auch Zwergholunder.

Anwendung
- **Abkochung:** 100 g frisches oder 20 g getrocknetes Pflanzengut 24 h in 1 l Wasser einlegen, anschließend 30 min kochen. Gegen jede Art von Angreifern unverdünnt sprühen.
- **Fermentierter Extrakt:** 1 kg frisches Pflanzengut einige Tage in 10 l Wasser fermentieren lassen. Pur in die Tunnel geleert, macht er Maulwürfe mürrisch ... zumindest vorübergehend. Zur Stimulation des Pflanzenwachstums verdünnt (10 %) gießen. Der Bodensatz hilft dem Kompost bei der Zersetzung.

Rainfarn (*Tanacetum vulgare*)

Der Rainfarn mit seinen feinen, hellgrünen Blättern und seinem intensiven Geruch wird besonders am Land gerne als Pflanzenpflegemittel genutzt. Er blüht den ganzen Sommer über in gelben, festen Blütenköpfchen. Rainfarn steht gerne an sonnigen Plätzen und liebt nährstoffreiche, eher feuchte Böden, die im Sommer ein wenig Kühle bewahren. In Obstgärten passt er sehr gut.
Vermehren können Sie Rainfarn über Stecklinge während seiner Wachstumsperiode oder indem Sie die Büschel teilen.

Wirkung
Rainfarn wirkt als **Insektenschutz**.

Anwendung
- **Aufguss:** 100 g frische oder 20 g getrocknete Blüten auf 1 l Wasser verwenden. Gegen Blattläuse, Flohkäfer, Raupen etc. unverdünnt sprühen. Als Fungizid gegen Falschen Mehltau und Rost verdünnt (20 %) verwenden.
- **Abkochung:** 30 g getrocknete Blüten auf 1 l Wasser verwenden. Verwenden wie den Aufguss.
- **Fermentierter Extrakt:** 1 kg Pflanzengut acht bis zehn Tage in 10 l Wasser fermentieren lassen. Als Insektenschutz verdünnt (10 %) sprühen.

Und das ätherische Öl?
Das ätherische Öl des Rainfarns wird gerne in einer Sprühlösung gegen Rost verwendet.

Rainfarn

Für manche Gärtner ist der Schachtelhalm eine wahre Plage. Wer allerdings weiß, wie man ihm seine Wirkstoffe entlockt, der kann ihn sich zum Verbündeten machen.

Pflanzenpflege mit einfachen Produkten

- Tonerde
- Kalk
- Natron
- Bier
- Waschsoda
- Grobes Salz
- Rapsöl
- Waschnüsse
- Schmierseife & Marseille-Seife

Neben all den wirkungsvollen Pflanzen, denen sich das erste Kapitel dieses Buchs ausführlich widmet, steht uns Gärtnern eine ganze Palette an kostengünstigen natürlichen Heilmitteln zur Verfügung, die wir in allen Bereichen des Alltags finden können (sogar in der Küche!) und die uns nicht mehr als ein paar Groschen kosten. In erster Linie spreche ich hier von Tonerde, für die ich eine wahre Leidenschaft habe. Weil sie es schafft, auf sanfte Art die schwierigsten Probleme zu lösen, ist sie aus der Heilmittelpalette nicht wegzudenken. Außerdem Kalk, einer der Klassiker, wenn es darum geht, Bäume für den Winter zu rüsten. Diese und noch viele weitere einfache Mittel stellen wir Ihnen auf den kommenden Seiten vor – allesamt unkompliziert in Zubereitung und Anwendung.

Ein Tonerde-Anstrich ist für Insekten nicht schädlich.

Tonerde

Für Gärtner nimmt die Erde einen ganz besonders wichtigen Platz ein. Am Anfang eines jeden Vorhabens steht sie – sie spendet Leben, ihre lehmige Konsistenz ist ein großartiges Heilmaterial und dabei äußerst preiswert. Tonerde – ob als Anstrich, Umschlag oder Sprühbehandlung – enthält Nährstoffe und Feuchtigkeit, unterstützt bei der Wundheilung, wirkt regulierend und schützend. Sie tötet nicht nur Bakterien, sondern ist auch ein hervorragendes Antiseptikum und Fungizid. Gibt es ein besseres Mittel, Bäume zu pflegen, und ihnen dabei kein bisschen zu schaden?

- Ihre erste Wahl sollte **tonhaltige Erde** aus dem eigenen Garten (oder dem eines Freundes) sein. Um einfach an gute Erde heranzukommen, beobachten Sie die Maulwürfe und sammeln Sie die perfekt zerbröselte, körnige Erde der Maulwurfshügel. Lagern Sie sie im Trockenen in einem großen Sack. Mit sorgfältig gesiebter Erde können Sie von Spätherbst bis Frühlingsbeginn Baumanstriche herstellen.
- **Kaolin** (Weiße Tonerde) ist im Handel gebrauchsfertig zu bekommen. Besonders fein und so einfach zu verwenden wie Mehl, ist sie das ideale Material für all jene, die beim Zubereiten noch etwas unsicher sind.
- **Andere Tonerde-Sorten,** wie zum Beispiel Montmorillonit, Betonit oder Illit, die Sie in Bio-Märkten oder online kaufen können, können unter Umständen ebenfalls eingesetzt werden. Sie trocknen allerdings sehr schnell aus – der Anstrich bildet Risse (wodurch er weniger lang am Baumstamm haften bleibt), zerbröselt oder fällt überhaupt herunter. Solche Sorten eignen sich besser für gezielte Anwendungen wie Umschläge nach Verletzungen.

Verschiedene Sorten

Tonerde ist ein weiches Sedimentgestein, das durch die Zersetzung verschiedener Materialien entsteht. Sie enthält wertvolle Mineralsalze und Spurenelemente, die die Vegetation anregen und für deren Gleichgewicht sorgen. Je nach Zusammensetzung kann sie unterschiedliche Farben annehmen. Einige Sorten, besonders grüne und weiße Tonerde, eignen sich zur Pflanzenpflege im Garten. Verwenden Sie sie je nach Vorrat und Bedarf.

Basis-Anstrich mit Tonerde aus dem Garten

Tonerde, die wesentlich weniger aggressiv ist als Kalk (*siehe S. 71*), ist ein seit Jahrhunderten bekanntes Mittel zur Herstellung von schützenden Baumanstrichen. Nach traditionellem Rezept, in einer Mischung mit Kuhdung, beschleunigt ein Tonerde-Anstrich die Wundheilung, indem er sich wie ein Schutzfilm über die Verletzungen des Baumes legt. Diese Wirkung kann erweitert werden: Wenn wir der Mischung Pflanzenaufgüsse oder ätherische Öle beigeben, spendet sie dem Baum zusätzlich Nährstoffe und wirkt stimulierend.

Wirkung

- **Schutz für junge Bäume.**
- **Prävention gegen häufige Baum- und Strauchkrankungen** wie Krebs, Pilzerkrankungen (Monilia, Apfelschorf etc.), besonders bei Obstbäumen. Der Gesundheitszustand der Bäume muss dennoch von Zeit zu Zeit während der Saison überprüft werden, gegebenenfalls muss diese vorbeugende Behandlung durch Sprühbehandlungen mit fermentierten Extrakten oder Aufgüssen ergänzt werden.
- In der Rinde versteckte **Insektenlarven**, wie zum Beispiel jene der Apfelblutlaus, werden erstickt.
- **Wirkt stärkend, schützend und dynamisierend** auf schwache Bäume.

Rezept

Die Zubereitung erfolgt nach dem Verhältnis drei Teile Tonerde zu einem Teil frischem Kuhdung (*siehe S. 95*).

1 Mischen Sie in einem Eimer drei Schaufeln körnige Tonerde mit Wasser. Rühren Sie, bis die Konsistenz in etwa der eines Pfannkuchenteigs entspricht. Lassen Sie die Masse ein wenig aufquellen.

2 Fügen Sie eine Schaufel Kuhdung hinzu und kneten Sie die Masse, bis sie an Kuchenteig erinnert.

3 Zwei Löffel biologisches Pflanzenöl oder Schmierseife je 5 l machen die Mischung geschmeidiger und verhindern, dass sie beim Trocknen zu sehr bricht. (Achtung: Zu viel Öl schadet den Mikroorganismen im Kuhdung!)

4 Je nach Qualität der Tonerde kann es notwendig sein, etwas Wasser beizugeben. Das Wichtigste ist eine gute Konsistenz – die Mischung darf nicht zu flüssig sein, damit sie den Stamm gut bedeckt und beim Auftragen nicht zu sehr tropft oder kleckert. Auch eine zu feste Konsistenz ist zu vermeiden – die Masse haftet dann nicht am Stamm und fällt herunter.

Weshalb Kuhfladen?

Kuhdung enthält ein Konzentrat an lebenden Mikroorganismen, die für die Nährstoffversorgung und Reparatur der Rinde eine wichtige Bedeutung haben.

Wann anwenden?

In trockenen Zeiten, außerhalb der Frostperiode. Verwendet wird der Anstrich von November bis Ende März/ Anfang April. Es ist ratsam, ihn am Winterende zu einer laueren Zeit zu machen, um die im Kuhdung enthaltenen Mikroorganismen nicht zu hemmen. Denn, nicht vergessen – dieses Produkt lebt!

Wie häufig anwenden?

Einmal pro Jahr und nicht unbedingt jedes Jahr. Es ist nicht notwendig, regelmäßig und systematisch alle Bäume mit einem Anstrich zu versehen. In einem kleinen Obstgarten mit ein paar traditionellen Obstsorten brauchen die Bäume keinen solchen Schutz. Wenn Sie aber im Winter spontan die Lust ergreift, bei Ihren Bäumen für etwas Wellness zu sorgen, dann nichts wie raus – Anstriche mit Erde sind einfach herzustellen und ungefährlich für Sie und die Umwelt!

Und wenn Sand in meiner Erde ist?

Erde mit einem gewissen Sandanteil ist in Ordnung. Sand ist sogar sehr nützlich bei Anstrichen, da er der Rissbildung entgegenwirkt. Aber Achtung: Nicht für Sprühbehandlungen verwenden – der Sand kann Ihrer Ausrüstung schaden!

Sols et Carrelages
Pur Végétal

Kaolin-Anstrich

Ein Kaolin-Anstrich ist feiner in der Textur und daher einfacher aufzutragen.

Wirkung

- Dieser Anstrich wird nicht nur angewendet wie jener mit Erde aus dem Garten – er hat auch dieselbe Wirkung. Aufgrund der darin enthaltenen Spurenelemente und Mineralien wirkt er sehr **dynamisierend**. Er kann noch zusätzlich verbessert werden, indem ein Teil des Wassers durch Schachtelhalmdekokt ersetzt wird (ca. 10 %, *siehe S. 23*).
- Seine **insektizide Wirkung** kann verstärkt werden, indem je 5 l Masse 2 EL Schmierseife beigegeben werden.
- **Hervorragender Schutz gegen Sonnenbrand und Frost,** die bei jungen Bäumen den Stamm schädigen können. In dieser Funktion kann der Anstrich statt eines Kalkanstriches verwendet werden, der stark alkalisch und für junge Rinde zu aggressiv ist.

Rezept

1. Lassen Sie drei Teile Kaolin in Wasser aufgehen. Beginnen Sie mit dem Kaolin, damit sich keine Klumpen bilden.
2. Kneten Sie die Masse wie Brotteig und mengen Sie nach und nach Wasser bei. Das Kaolin quillt auf.
3. Sobald sich eine weiche Masse zu bilden beginnt, geben Sie unter stetigem Kneten nach und nach einen Teil Kuhdung bei.
4. Es entsteht eine glatte, geschmeidige Masse.

Wann anwenden?

Zu Herbstbeginn oder am Winterende, wenn Frost und starker Regen (noch) fern sind. So bleibt die Biodiversität der Mikroorganismen und damit die Wirkungskraft der Zubereitung erhalten. Die beste Zeit, um vom darin enthaltenen Nährstoffreichtum zu profitieren, ist von Mitte Februar bis Ende März/Anfang April, wenn die Knospen austreiben. Dieser Zeitpunkt ist je nach Region und Jahr unterschiedlich.

Wie häufig anwenden?

Einmal pro Jahr und nicht unbedingt jedes Jahr, je nach Zustand der Bäume.

Eine Idee

Einen großen Obstbaum mit einem Anstrich zu versehen, kann ganz schön viel Zeit in Anspruch nehmen. Helfen Sie sich daher selbst und holen Sie Ihre Kinder herbei! Motivieren Sie sie, indem Sie zum Beispiel mit den verschiedenen Farben der Erde spielen. So wird die Baumpflege zu einer unterhaltsamen Familienaktivität – Bio-Unterricht und Hexentrank-Geheimnisstunde inklusive!

Fixfertig aus dem Handel

Gebrauchsfertige Baumanstriche gibt es überall im Handel zu kaufen. Aber Achtung – diese Produkte werden entweder auf Basis von Kalk oder von Mineralöl hergestellt. Beide sind nicht so sanft und schonend wie Tonerde.

1

2

3

4

Anstrich mit ätherischen Ölen

Dieser Anstrich basiert auf einer Mischung von Kaolin und Basaltpuder. Basalt ist ein Vulkangestein, das Silizium, Kalzium, Magnesium und Spurenelemente enthält. Der hohe Siliziumgehalt (40 %) hilft den Pflanzen, sich gegen Angriffe von außen (Pilze, Insekten) zu wehren.

Wirkung

- Ausgezeichnete **dynamisierende Wirkung**.
- Wirkt durch seinen hohen Siliziumgehalt und, je nach Problem mit ätherischen Ölen angereichert (*siehe S. 45*), als **Fungizid** und **Insektizid**.
- In der Rinde versteckte **Insektenlarven** werden erstickt.

Wenn ein Baum wirklich schwach, krank oder verletzt ist, ist ein Anstrich mit ätherischen Ölen das beste Mittel, ihm wieder zu Kraft zu verhelfen, ohne ihm dabei zu schaden. Eine solche Behandlung ist vergleichbar mit einer homöopathischen: Sie alleine reicht wahrscheinlich nicht aus – während der Saison werden noch weitere Behandlungen notwendig sein, zum Beispiel mit fermentierten Extrakten, Aufgüssen oder ätherischen Ölen. Der Baum wird aber in einem besseren Zustand sein, um diese aufzunehmen und davon zu profitieren.

Rezept

1 und 2 Vermengen Sie drei Teile Kaolin mit einem Teil Basaltpuder in trockenem Zustand. Rühren Sie gut um, um ein homogenes Pulver zu erhalten.

3 Mischen Sie 20 Tropfen ätherisches Öl je nach Problem (*siehe S. 45*) mit einer haselnussgroßen Menge Schmierseife und gießen Sie die Mischung mit einem Glas Wasser auf.

4 Vermischen Sie die Emulsion und das Pulver.

5 Rühren Sie mit einem Kochlöffel aus Holz um und geben Sie nach und nach so lange Wasser bei, bis die Masse etwa die Konsistenz von Joghurtcreme erreicht hat. Überprüfen Sie diese mit einem Pinsel. Der Anstrich sollte an einen Farbanstrich erinnern.
Gerne verwendet werden ätherische Öle aus Zypresse und Bohnenkraut (Fungizide), Pfefferminze, Lavendel, Salbei und Oregano (Insektizide).

Wann anwenden?

Dieser Anstrich kommt in der aktiven Periode zum Einsatz, wenn die Pflanzen in der Lage sind, die Wirkstoffe aufzunehmen. Er wird daher zu Frühlingsbeginn während der Wachstumsperiode verwendet. Meiden Sie zu trockene oder windige Zeiten.

Wie häufig anwenden?

Einmal, nach Bedarf.

1

2

3

4

5

Wie funktioniert denn das überhaupt?

Dank Lentizellen! Sie haben es wohl schon vermutet: Das Bauminnere hat natürlich seine Verbindung zur Außenwelt. Die Rinde scheint wie ein fester Mantel – wer aber genau hinsieht, der erkennt: Junge Bäume besitzen luftdurchlässige Korkporen. Es handelt sich um die berühmten Lentizellen, hier findet der Gasaustausch statt. Ältere Bäume sind da natürlich nicht anders: Die raue und rissige Rinde bricht auf und bildet Öffnungen hin zum glatten Kambium. Dort dringen die Wirkstoffe unserer Anstriche ein.

Auf jungen Bäumen sind die Lentizellen gut sichtbar.

Anstriche auftragen

Wie auch bei einem Farbanstrich muss der Untergrund vor der Behandlung vorbereitet werden. Bei Bäumen bedeutet das: Stamm und Astansätze werden gereinigt.

1 Nehmen Sie eine nicht zu harte Wurzel- oder Drahtbürste zur Hand (die Baumrinde darf nicht verletzt werden) und bürsten Sie sorgfältig, aber nicht zu grob, Moos, Flechten und alte Rinde ab.

2 Beginnen Sie danach mit dem Anstrich. Achten Sie dabei darauf, dass die Flüssigkeit bis in die kleinsten Öffnungen der Rinde eindringt. Arbeiten Sie mit einer Kleister- oder Malerbürste und tragen Sie großzügig auf. Wenn die Rinde sehr rissig ist, dann hilft ein Heizkörperpinsel (gebogener Pinsel), auch die engsten Winkel zu erreichen.

3 Wenn Sie nach dem Anstrich den Eindruck haben, es sei noch nicht alles bedeckt, dann können Sie noch eine zweite Schicht auftragen, bevor die erste getrocknet ist, sodass der Anstrich besser haftet.

1

2

3

1

2

3

4

Wundumschlag mit Tonerde

Manchmal erleiden unsere Bäume oder Sträucher Verletzungen von außen. Wir stoßen mit dem Rasenmäher oder der Motorsense an oder schneiden mit der Heckenschere unglücklich zu, Rehe oder Hasen knabbern die Rinde an, ein heftiger Windstoß verursacht Schäden. Tonerde hilft Bäumen bei Verletzungen. Anstatt zu Wundheilmitteln aus dem Handel zu greifen (*siehe Kasten*), bereiten Sie doch selbst einen Wundumschlag zu.

Rezept

1 Lassen Sie grüne Tonerde oder Kaolin in heißem Wasser aufquellen, bis eine sämige Masse entsteht.

2 und 3 Geben Sie eine Schaufel frischen Kuhdung bei. Rühren Sie Wasser ein, bis Sie eine geschmeidige, aber dennoch feste Masse erhalten.

4 Entfernen Sie, wenn nötig, Rindenreste mithilfe eines Gartenmessers. Tragen Sie die Masse danach großzügig in einer dicken Schicht auf. Der Kuhdung sorgt für eine rasche Wundheilung, indem er die Rindenbildung stimuliert.
Bedecken Sie die Wunde danach mit einem dicken Tuch, sodass der Umschlag möglichst lange feucht bleibt. Befeuchten Sie ihn gelegentlich, wenn es sehr trocken ist.

Wann und wie häufig anwenden?
Einmal, nach Bedarf.

Vorsicht bei Wundheilmitteln aus dem Handel!
Ob nun als Sprühbehandlung oder als Paste – Mittel aus dem Handel verpassen der Wunde einen wasserdichten Verschluss. Diese kann dann nicht mehr atmen, Feuchtigkeit kann nicht austreten, Keime und Pilze werden eingeschlossen. Von außen betrachtet wirkt alles in Ordnung. Der Zustand des Baumes aber verschlechtert sich oft schleichend, am Ende kann der Krebs stehen.

Fixfertig aus dem Handel
Fertig zu kaufen gibt es Tonerde-Umschläge nicht. Weiße oder grüne Tonerde finden Sie allerdings in Bioläden oder auf Internetseiten, in denen Bioprodukte für den Garten verkauft werden. Natürliche Tonerde für den Bau ist in Öko-Baumärkten erhältlich. Vorsicht bei Erdfarbe aus Bau- und Bastelmärkten – diese enthält Harz und eignet sich gar nicht. Achten Sie auf die Inhaltsstoffe!

Gut zu wissen
Gehölz (Bäume, Sträucher und Lianen aus Holz) bildet bei Verletzungen keine Narben. Es schließt seine Wunden, indem es im Durchmesser wächst, also dicker wird. Fachleute nennen diesen Vorgang „Überwallung“. Das zu wissen ist wichtig, wenn wir verstehen wollen, wie Bäume nach Verletzungen genesen.

Stimulierende Sprühbehandlung mit Tonerde und Algen

Diese Zubereitung eignet sich ausgezeichnet zur Stimulation im Frühling, wenn die Jungpflanzen ein wenig schmollen. Sie gibt ihnen ihren Tonus zurück, ihre Blätter erhalten ein saftiges Grün – ein Zeichen für gute Gesundheit. Diese Mischung hilft Pflanzen, klimatische Ereignisse zu ertragen oder nach Ende des Winters wieder zu Kräften zu kommen, schützt Jungpflanzen vor Kälteschäden und unterstützt den Garten bei der Genesung, wenn Gewitter, Hagel oder starker Regen ihre Spuren hinterlassen haben.

Rezept

1 Stellen Sie ein Tonerde-Wasser-Gemisch her, indem Sie 1 TL extrafeine Tonerde in 1 l Regenwasser einrühren.

2 Fügen Sie 10 ml konzentrierten Algenextrakt bei. Sie können stattdessen auch fermentierten Extrakt mit stimulierender Wirkung verwenden, zum Beispiel von Brennnessel oder Beinwell, und diesen verdünnen (10 %).

3 Mischen Sie die beiden Flüssigkeiten und verrühren Sie sie gut.

4 Geben Sie einige Tropfen Tensid bei, zum Beispiel biologisches Geschirrspülmittel, und rühren Sie noch einmal um.

5 Gießen Sie die Mischung in eine Sprühflasche und beginnen Sie mit der Anwendung.

Wann und wie häufig anwenden?

Im Frühling bei Jungpflanzen ein- bis zweimal in einem Abstand von zwei Wochen. Nach Klimastress einmal.

Kalk

Wurde Kalk aufgrund seiner antiseptischen Wirkung früher noch gerne für den Pflanzenschutz verwendet, so ist er heute ein wenig aus der Mode geraten. Er taucht allerdings in neuem Gewand wieder auf – in kleinen Dosen zum Beispiel, die wir gebrauchsfertig im Handel kaufen können. Kalk ist heikel in der Anwendung, fügt aber, wenn wir ihn richtig verwenden, der Umwelt keinen Schaden zu.
Für die sehr alte Praxis des Kalkens wird eine sogenannte Kalkmilch hergestellt. Bäume zu kalken bedeutet, ihren Stamm und Astansatz mit einem weißen Anstrich zu versehen. Besonders bei Obstbäumen kam diese Praktik früher häufig zur Anwendung – so konnten Insektenlarven getötet werden, die den Winter gerne unter der Baumrinde verbringen, um dort vor der Kälte geschützt auf den Frühling zu warten.

Wirkung

- **Ein Kalkanstrich bekämpft Insektenlarven,** die in den Rissen der Baumrinde überwintern, sei es nun bei Obst- oder bei Zierbäumen. Er ist nur für ältere Bäume geeignet, deren rissige Rinde Verstecke bietet.
- Genauso **tötet** Kalk **Keime und Pilze**, die gute Bedingungen, also Wärme und Feuchtigkeit, suchen, um sich entwickeln zu können (Krebs, Monilia, Apfelschorf etc.). Dabei werden auch Moose und Flechten zerstört.

Grundrezept: Kalkmilch

Am Vortag

Die Kalkmilch wird am Tag vor der Anwendung hergestellt. Dafür wird ein Teil Branntkalk (für landwirtschaftliche Nutzung) mit zwei Teilen Regenwasser gemischt.

Schützen Sie sich!

Weil Branntkalk ein stark ätzendes Produkt ist, muss er mit Vorsicht verwendet werden. Tragen Sie Handschuhe, die vor ätzenden Stoffen schützen, sowie eine Schutzbrille und alte Kleidung. Bereiten Sie den Anstrich draußen zu, damit keine Dämpfe entstehen, und arbeiten Sie an einem windstillen Tag, damit Ihnen keine Wolke entgegenschlägt, wenn das Wasser auf den Kalk trifft. Verwenden Sie einen Behälter aus rostfreiem Stahl, Holz oder Zink, der groß genug ist, dass die Zubereitung Platz zum Blubbern hat. Keinesfalls Plastik!

1 Geben Sie einen Teil Kalk in den Behälter und gießen Sie dann zwei Teile Wasser darauf. Beugen Sie sich dabei nicht über den Behälter. Ziehen Sie sich dann zurück und lassen Sie die Sache erst einmal gemächlich vor sich hin blubbern.

2 Kommen Sie nach einer Stunde wieder, rühren Sie um und lassen Sie die Mischung dann bis zum nächsten Tag stehen.

Vorsicht!

Beachten Sie die Reihenfolge: erst Kalk, dann Wasser. So können ätzende Wolken vermieden werden.

Am Tag der Anwendung

1 Mischen Sie die Kalkmilch gut durch. Ein Schneebesen ist für kleinere Mengen genau das richtige Instrument. Sie können pro 3 l auch ein halbes Glas flüssige Schmierseife beigeben. So haftet der Anstrich besser und alte rissige Rinde kann einfacher abgedeckt werden. Die insektizide Wirkung der Schmierseife verbessert jene des Kalks noch zusätzlich.

2 Für eine angenehmere Anwendung geben Sie die Zubereitung in einen kleinen Eimer – ein solcher ist einfacher zu handhaben. Vergessen Sie nicht, sich zu schützen. Der Kalk ist gelöscht, bleibt aber aggressiv – tragen Sie Handschuhe!

3 Bürsten Sie vor der Behandlung den Stamm und den Astansatz ab, um diese von Moos und Flechten zu befreien. Der Anstrich muss gut halten.

Fixfertig aus dem Handel

Teuer ist Kalk nicht, aber unpraktisch: Er wird meist in 25-kg-Säcken verkauft. Tun Sie sich also mit anderen Gärtnern zusammen oder bewahren Sie Ihren Kalk in einem Schuppen auf. Trocken gelagert hält er dort eine Ewigkeit. Ein gebrauchsfertiges Kalk-Wasser-Gemisch in kleinen Eimern ist allerdings in Gärtnereien erhältlich. Das kommt teurer, ist aber wesentlich einfacher zu verstauen.

4 Tragen Sie die Kalkmilch anschließend sorgfältig mit einer Malerbürste auf.

5 Nehmen Sie eine kleinere Bürste zur Hand, um den Anstrich in alle Öffnungen und Risse des alten Stammes zu bringen. Wenn Sie danach den Eindruck haben, es sei noch nicht alles bedeckt, dann können Sie noch eine zweite Schicht auftragen, bevor die erste getrocknet ist.

Wann anwenden?

Während oder nach dem Winter.

Für das Kalken brauchen wir zwei aufeinanderfolgende Tage mit Schönwetter und ohne Frost: einen Tag für die Vorbereitung und den darauffolgenden Tag für die Anwendung.

Wie häufig anwenden?

Früher wurden Bäume jedes Jahr gekalkt. Heute ist man von dieser Praxis aus ökologischen Gründen abgekehrt. Diese sehr aggressive Behandlung ist heutzutage schweren Fällen vorbehalten – also Bäumen, die mit Krebs oder hartnäckigen Parasiten zu kämpfen haben (etwa mit Apfelblutlaus oder Schildlaus) – und kommt nur mehr alle drei Jahre zur Anwendung. Wir sollten bedenken, dass dieser Anstrich alles auslöscht, was unter der Rinde überwintert, ohne dabei zwischen Nützlingen und Schädlingen zu unterscheiden. Genauso zerstört er die Mikroflora und jene Mikroorganismen, die der Baum für sein natürliches Gleichgewicht braucht. Gesunde Bäume mit glatter Rinde brauchen keinen Kalkanstrich. Wenn Sie dennoch eine unbändige Lust verspüren, Ihrem Obstgarten einen Anstrich zu verpassen, dann verwenden Sie dafür besser einfachere Zubereitungen auf Tonerde-Basis – diese sind weniger aggressiv und angenehmer herzustellen (*siehe S. 58*).

Natron

„Natriumhydrogencarbonat" lautet der wissenschaftliche Name dieses feinen weißen Pulvers, das häufiger im Haushalt, denn im Garten zum Einsatz kommt. In den 1930er-Jahren war seine fungizide Wirkung im Gemüse- und Gartenbau den Menschen zwar bereits bekannt. Als in den 50er-Jahren aber die chemische Industrie ihren Siegeszug antrat, da landete das Natronpulver bald in den hinteren Rängen der Heilmittelpalette.
Heute steigt die Nachfrage nach umweltfreundlichen Produkten wieder und Natron ist ins Blickfeld der Forschung zurückgekehrt. In Zukunft wird es als Bestandteil ökologischer Pflanzenschutzmittel wieder eine größere Rolle spielen. Um uns die Wartezeit bis dahin zu verkürzen, mischen wir uns doch inzwischen selbst ein paar hübsche, kostengünstige Mittelchen!

Wirkung

In drei großen Bereichen hat sich Natron bewährt:

- als **Fungizid**, in sehr schwacher Dosierung, gegen alle Arten von Echtem Mehltau (bei Gurken, Kürbis, Pfaffenhütchen und Spindelstrauch, Indianernessel etc.), Rußtau, Rost bei Rosen und Stockrosen etc.;
- als **Insektizid** gegen Milben bei Zimmerpflanzen, Orchideen, grünen Bohnen, Gurken etc.;
- als **Herbizid** zur Unkrautvernichtung, denn Hydrogencarbonat ist ein Salz, das Blätter verbrennt, wenn es in hoher Dosierung verwendet wird.

Große Mengen zum kleinen Preis sind in landwirtschaftlichen Genossenschaften erhältlich.

Fungizid

Natron ist kein Fungizid im herkömmlichen Sinne, denn es tötet Pilze nicht wie konventionelle Mittel, sondern blockiert durch seinen basischen pH-Wert vielmehr deren Entstehung. Aber was uns interessiert, ist schließlich das Ergebnis!
Damit es besser haftet, können Sie ein wenig Öl daruntermischen. Für dieses Rezept verwenden wir Schmierseife, die als Netzmittel wirkt und zum Teil bereits Olivenöl enthält.

Rezept

1 und 2 Für eine Menge von 5 l mischen Sie 5 TL Natron mit 3 EL Schmierseife.

3 Gießen Sie etwas lauwarmes Wasser dazu und rühren Sie mit einem Schneebesen gut um.

4 Füllen Sie die Mischung nun in eine Sprühflasche und geben Sie das restliche Wasser bei.
Sprühen Sie abends und sofort beim Auftauchen erster Anzeichen. Wenn gute Bedingungen für die Entstehung von Pilzen herrschen, zum Beispiel nach Gewittern, besprühen Sie einmal pro Woche die trockenen Blätter. Im Allgemeinen reichen drei bis vier Anwendungen.

Wann und wie häufig anwenden?

Von Mai/Juni bis August, nach Bedarf.

Nicht zu viel des Guten!

Der Natronanteil in der Zubereitung sollte nie mehr als 0,5 bis 1 % ausmachen, das entspricht 1 bis 2 TL pro 1 l. Ein Mehr an Natron kann zu Verbrennungen an den Blättern führen. Allerdings sind Pflanzen je nach individuellen Eigenschaften und Vegetationsstadium in dieser Hinsicht unterschiedlich empfindlich. Probieren Sie es also vorsichtig aus!

Insektizid

Natron kann auch im Kampf gegen Milben sehr hilfreich sein. Die kleinen Tierchen leben versteckt in den Blättern so mancher Pflanzen, beißen und saugen sie aus und schaffen es auf diese Weise, ein ganzes Bohnentipi innerhalb weniger Tage zu zerstören.

Rezept

1 und 2 Für 1 l Flüssigkeit mischen Sie in einer Schüssel 1 EL flüssiges Biowaschmittel mit 1 EL Rapsöl.

3 Rühren Sie die Mischung mit einem Schneebesen gut durch. Geben Sie nach und nach 1 EL Natron und 1 l Regenwasser bei. Füllen Sie die Flüssigkeit in eine Sprühflasche und schütteln Sie diese gut. Gesprüht wird auf die trockenen Blätter, eventuell mehrmals im Abstand von zwei Tagen.

Wann und wie häufig anwenden?

Von Juni bis August, nach Bedarf.

Herbizid

Wie wir bereits wissen, ist Natron ein Salz – das bedeutet, es brennt! Das ist für uns besonders interessant, wenn es darum geht, Unkraut den Kampf anzusagen.

- Wenn es trocken ist, bestreuen Sie den betroffenen Platz mit Natron und befeuchten Sie ihn anschließend mit etwas Wasser, sodass das Pulver sich auflöst. Jungpflanzen werden auf diese Art verbrannt, das Aufkeimen neuer Pflanzen für einige Monate unterbunden.
- Besonders hartnäckiges Unkraut, dem auch die Hacke nichts anhaben kann, können Sie beseitigen, indem Sie dessen Blätter zuerst anfeuchten und anschließend mit Natron bestreuen. Schirmen Sie dabei umliegende Pflanzen mit einem Stück Karton ab! Stülpen Sie zum Schutz vor Regen einen Tontopf über die behandelte Pflanze. Wiederholen Sie den Vorgang bei Bedarf nach einem Monat.

Gezielte Anwendung

Natron sollte nicht beliebig verstreut werden, sondern dient der gezielten Anwendung an Problemstellen, etwa Zwischenräumen zwischen Pflastersteinen in Innenhöfen oder auf der Terrasse. Erwarten Sie keine Wunder, wenn Sie es mit hartnäckigen Pflanzen zu tun haben, die es sich an einem Ort schon lange Zeit eingerichtet haben. Natron wirkt dort besonders gut, wo Unkraut gerade erst aufkeimt. Gegen unerwünschte Langzeitbewohner müssen auch Hacke und Messer zum Einsatz kommen!

Unkrautvernichtungsmittel – auch ökologische – sollten nur in unbebauten Teilen des Gartens eingesetzt werden.

Damit Sie Ihr Ziel nicht verfehlen, wählen Sie einen windstillen Tag!

Bier

Bier dient nicht nur dem Gärtner als herrliche Erfrischung für zwischendurch – es ist auch ein hervorragender Köder für kleine Tierchen, die uns das Leben schwer machen. Besonders spreche ich hier von der *Vespa velutina* (auch „Asiatische Hornisse“) und von Nacktschnecken. Ich habe mehrere Biersorten getestet und konnte keinen bedeutenden Unterschied in der Wirkung erkennen. Sie brauchen keine teure Sorte zu verwenden, achten Sie aber darauf, dass es auch wirklich nach Bier riecht!

Die Asiatische Hornisse

Vor einigen Jahren tauchte in den Gärten Europas ein neues Insekt auf: die Asiatische Hornisse, *Vespa velutina*. Ursprünglich aus Asien stammend, wurde diese Wespenart vor einigen Jahren plötzlich in Frankreich, und vor Kurzem nun auch erstmals in Süddeutschland gesichtet. Sie fiel sofort auf, denn: Diese Hornisse ist ein wahrer Vielfraß! Ihre Leibspeise sind Bienen, doch macht sie sich auch gerne über alle anderen Bestäuberinsekten her, die ihren Weg kreuzen: Hummeln, verschiedene Arten von Hautflüglern, sogar Schmetterlinge. Auf Früchte geht sie erst gegen Saisonende, hier besonders auf Äpfel und Trauben.
Der erhoffte Gegenschlag der Bienen blieb in Frankreich aus – die Asiatische Hornisse wird also in Europa bleiben. Das stellt uns vor gewichtige Probleme, besonders im südeuropäischen Raum leiden die Bienenvölker bereits unter der Präsenz des Insekts. Im Moment ist der einzige Weg, ihr Herr zu werden, sie in die Falle zu locken. Es geht dabei nicht darum, den ganzen Bestand auszurotten, sondern ihn zu verringern, damit die Bedrohung für die Bienen (und andere Insekten) nicht zu groß wird. Es bleibt zu hoffen, dass diese nach und nach Verteidigungsmechanismen entwickeln, sodass zwischen den Insektenvölkern ein Gleichgewicht entsteht.

Wie vorgehen?

Kaufen oder basteln Sie eine gewöhnliche Wespenfalle (im Internet finden Sie viele Beispiele).

1 und 2 Mischen Sie einen Spritzer Johannisbeersirup mit 100 ml Weißwein. Der Weißwein dient dazu, die Bienen fernzuhalten – sie mögen dessen Geruch gar nicht.

3 Gießen Sie eine Flasche Bier in die Mischung (die Asiatische Hornisse bevorzugt ganz deutlich das dunkle) und rühren Sie um.

4 Die Falle wird auf einem Baum oder in der Nähe eines Komposthaufens befestigt, allerdings nicht zu hoch, damit Sie sehen können, was passiert – 6 bis 10 m sind ideal. Hängen Sie die Fallen nicht auf blühende Bäume, sonst könnten Bestäuberinsekten angezogen werden. Überprüfen Sie Ihre Fallen: Wenn Sie darin noch andere Insekten oder gar überhaupt keine Schädlinge finden, dann wechseln Sie den Platz!

Wann und wie häufig anwenden?

Diese Fallen können nicht zu beliebigen Zeiten aufgestellt werden – so fangen Sie nämlich damit jene Insekten, die Sie eigentlich schützen wollen. Die beste Zeit dafür ist etwa Ende Februar/Anfang März. Das entspricht dem Ende der Winterruhe, wenn die fruchtbaren Königinnen ausschwärmen, um einen geeigneten Platz für den Nestbau zu finden. Imker geben als Bezugspunkt die Blütezeit des Schlehdorns an. Die Fallen werden im Mai wieder abgenommen, damit nicht zu viele Nützlinge darin ertrinken, deren Population in der Sommerzeit wächst. Wenn Sie aber noch immer große Hornissenvölker und vergleichsweise wenig andere Insekten bemerken, dann können Sie die Fallen noch stehen lassen und erst während der Saison abnehmen.

Je mehr bäääh, desto besser!

Ist der Köder gelegt und sind die ersten Hornissen darin ertrunken, dann schütten Sie ihn bloß nicht weg, ganz im Gegenteil: Der Geruch wird mit der Zeit intensiver und damit noch unwiderstehlicher für Hornissen und Fliegen, nicht aber für andere Insekten.

Variationen

In unterschiedlichen Abwandlungen ist dieses Rezept überall bekannt. Manche geben Trockenfutter für Katzen – die Hornisse ist ja ein Fleischfresser – oder etwas Apfelessig bei. Kreieren Sie doch Ihre eigenen Variationen!

Entfernen Sie die Fallen oder wechseln Sie deren Platz, wenn auch Nützlinge darin ertrinken.

Eine Schneckenfalle ohne „Kollateralschaden"

Von einer „Zubereitung" können wir hier nicht sprechen, denn Mixen und Rühren sind nicht erforderlich – vielmehr handelt es sich um einen kleinen Trick.
Befüllen Sie eine nicht zu hohe Schale oder noch besser eine halbe Grapefruit – diese finden Schnecken ganz besonders schmackhaft – mit Bier (das dunkle scheinen sie alle zu lieben!). Graben Sie die Schale an einer „gut besuchten" Stelle oder einer „Durchzugsstraße" (in der Nähe von Komposthaufen, Kohl, Salat etc.) zur Hälfte in die Erde ein. Magisch vom Duft des Bieres angezogen, werden die Schnecken darin ertrinken. Am nächsten Tag muss das Ganze nur noch auf den Kompost geworfen und eventuell eine neue Falle gebaut werden. Um die Falle vor Regen zu schützen, können Sie sie mithilfe eines Dachziegels bedecken oder in einer Wegwerfbox aus Kunststoff (zum Beispiel für Backwaren) platzieren. Diese sollte unten Löcher haben, damit die Schnecken hineinkönnen.
Eine solche Falle fügt der Umwelt keinerlei Schaden zu und ist somit eine gute Alternative zum metaldehydhaltigen Schneckenkorn, das über die Nahrungskette auch Igel und Kröten oder gar Haustiere vergiften kann. Auch ist es ein guter Ersatz für Schneckenkorn mit Eisenphosphat, das die Schnecken zwar problemlos vernichtet, allerdings auch eine attraktive Wirkung auf Mäuse hat, die sich daran laben.

Waschsoda

Soda wird aus Salz und Kalk gewonnen. Da es noch ätzender als Natron (*siehe S. 76*) ist, ist es sehr effektiv in allen Belangen rund um Reinigung und Desinfektion.

Wirkung

Waschsoda wird vor allem für die **Instandhaltung gärtnerischer Ausrüstung**, zur Pflege von Gartenstühlen und -tischen oder zur Reinigung von gefliesten Flächen oder Haustierzubehör eingesetzt. Auch zur **Desinfektion von all den kleinen Utensilien**, die wir **zum Vermehren** verwenden, ist es bestens geeignet. In Töpfen, Bechern oder Schalen setzen sich nämlich manchmal Krankheitserreger ab. Durch eine gründliche Reinigung können wir diese entfernen. Für Bereiche außerhalb des Gartens (Hof, gepflasterte oder geflieste Flächen etc.) kann Soda zur Unkrautvernichtung eingesetzt werden.

Reinigung

Lösen Sie das Waschsoda in heißem Wasser auf (100 g je 1 l). Lassen Sie die Becher, Kistchen und Aufzuchtplatten in der Flüssigkeit liegen, bis die Erde sich gelöst hat. Reinigen Sie die Utensilien mit einem Schwamm oder einer Bürste, spülen Sie sie ab und lassen Sie sie in der Sonne trocknen.

Für Schüsseln und Tontöpfe geben Sie ein Glas weißen Essig bei, um diese von Kalk und Algen zu befreien. Eine Fettschicht auf dem Boden unter dem Grill beseitigen Sie am besten, indem Sie mit 125 g pro 1 l dosieren und die Flüssigkeit vor dem Bürsten ein wenig einwirken lassen. Bei großen Flecken können Sie eine Paste aus einem Drittel Waschsoda, zwei Dritteln gesiebter Holzasche und etwas Wasser herstellen.

Materialien, die kein Soda vertragen …

Reinigen Sie mit Waschsoda keine Gefäße aus Aluminium sowie keine Terrassenmöbel aus Eichen- oder Kastanienholz. Bei exotischeren Hölzern probieren Sie es vorsichtig aus!

Unkrautvernichtung

Schütten Sie das Wasser nach der Reinigung nicht weg, sondern verwenden Sie es zur Unkrautvernichtung, indem Sie Orte außerhalb Ihres Gartens desinfizieren, wo Unkraut sich gerne breitmacht (Höfe, gepflasterte Wege und Plätze, Fliesen ohne Fugen).

Zur Unkrautvernichtung sollte Waschsoda „normalerweise“ mit 250 g pro 1 l Wasser dosiert werden. Es scheint mir aber ökologischer, nicht zu verschwenderisch damit umzugehen und beim gärtnerischen Frühjahrsputz gleich zwei Fliegen mit einer Klappe zu schlagen.

Vorsicht!

Tragen Sie Handschuhe!

Aus dem Handel

Die französische Marke Phénix beispielsweise bietet Waschsoda von ausgezeichneter Qualität zu einem günstigen Preis. Erhältlich ist dieses einfache, sehr schlicht verpackte Produkt im Internet.

Grobes Salz

Kochsalz (Natriumchlorid) kommt uns zu Hilfe, wenn wir jene Arbeit machen müssen, die uns Gärtnern gerne den Urlaub verdirbt: **Unkraut jäten!** Klar sind Pflanzen etwas Natürliches, dennoch: Es stört uns, wenn unerwünschte Gäste sich ungefragt auf gepflegten Plätzen breitmachen. Das Thema „Unkraut" ist ein Dauerbrenner und füllt ebenso gärtnerische Fachzeitschriften wie die Kassen von Herstellern chemischer Pflanzenvernichtungsmittel. Salz ist zumindest natürlich, macht den Boden aber steril. Salzen wir also mit Verstand!

Gegen widerspenstiges Unkraut

Mit richtigem Salzen lässt sich besonders widerstandsfähiges Unkraut beseitigen, etwa die Distel.

Wann und wie häufig anwenden?

Idealerweise bei warmem, trockenem Wetter, noch vor dem Hochsommer, wenn morgens noch etwas Tau auf den Blättern liegt, oder bei einem kurzen kleinen Nieselregen. So kann sich das Salz besser auflösen.
Salzen Sie jedoch niemals, wenn die Sonne scheint und ein Regen bevorsteht. Das könnte zu unerwünschten Ergebnissen führen: Das Salz wird vom Regen an den Wegrand gespült, wo die Hortensien stehen und sich sogleich gelb zu färben beginnen.

Eine andere Lösung: Küchenabfälle verwerten

Pökellake aus der Küche wurde am Land früher direkt im Hof entsorgt. Wir können dasselbe mit Salzwasser oder Salzlake von eingelegtem Gemüse machen.

Unkrautvernichtung

1 Kaufen Sie im Supermarkt oder einer landwirtschaftlichen Genossenschaft einen großen Sack Pökelsalz. Dieses wird normalerweise zur Konservierung von Lebensmitteln verwendet (besonders Schweinefleisch). Schütten Sie das Salz in einen großen Eimer.

2 Streuen Sie es am Weg, im Hof oder auf der Terrasse. Verwenden Sie es vorsichtig und nicht zu viel davon.

1

2

Rapsöl

Rapsöl ist sehr günstig und überall erhältlich und somit eine ausgezeichnete Alternative zu schweren Behandlungsmethoden, wenn hartnäckige Insekten, etwa Schildläuse, bekämpft werden sollen. Da sich Öl nicht in Wasser auflöst, muss es mit Schmierseife oder biologischem Spülmittel gemischt werden, bevor es anderen Zubereitungen beigegeben werden kann. Die Wirkung kann noch verbessert werden, indem Sie zum Beispiel ätherische Öle mit insektizider Wirkung daruntermischen (Lavendel oder Minze).
Die Kombination aus Öl und Schmierseife ist besonders wirkungsvoll: Die Schmierseife greift den Panzer der Insekten an und leimt sie ein, das Öl erstickt sie. Ein wenig brutal ist diese Methode vielleicht, aber keinesfalls umweltschädlich. Und bei diesen kleinen Biestern, die uns das Leben oft so schwer machen, gibt es keine Reue!

Wirkung

- **Gegen Schildläuse** auf Nadelholz, Bäumen und Sträuchern, Obstbäumen, Moorbeetpflanzen und Rosen, in allen Entwicklungsstadien (Larven, Eier und erwachsene Tiere).
- **Gegen Milben und Blattläuse** aller Art und für alle Pflanzen.

Anti-Schildlaus-Zubereitung

Rezept

1 und 2 Mischen Sie pro 1 l Zubereitung in einer Schüssel 2 EL Öl und 2 EL flüssige Schmierseife. Schlagen Sie die Mischung mit einem Schneebesen gut durch.

3 Gießen Sie lauwarmes Wasser darauf und rühren Sie dabei weiter um, so als ob Sie Salatmarinade herstellen. Sie erhalten eine homogene Mischung.

4 Füllen Sie die Zubereitung in eine Sprühflasche, geben Sie das restliche Wasser bei, schütteln Sie noch einmal gut durch und beginnen Sie mit der Anwendung. Für eine bessere Wirkung wiederholen Sie den Vorgang nach 20 Minuten. Überprüfen Sie das Ergebnis einige Tage später. Die Schildläuse sind dann tot, wenn sie sich ganz von selbst von den Pflanzen lösen und nicht mit dem Nagel heruntergekratzt werden müssen.

Wann und wie häufig anwenden?

Diese Mischung ist dünn genug, um das ganze Jahr über zur Anwendung zu kommen. Verwenden Sie sie nach Bedarf (jedoch besser nicht auf sehr zarten Blättern).

Ein Tipp

Mit einigen Tropfen biologischem Spülmittel vermischt, verleiht diese Emulsion Insektiziden auf Pflanzenbasis noch mehr Wirkkraft. Sie sorgt dafür, dass die Zubereitung besser auf der Pflanze haftet.

Anti-Schildlaus-Anstrich für gezielte Behandlungen

Rezept

Mischen Sie auf dieselbe Weise 2 EL Öl, 2 EL Schmierseife und 2 EL Alkohol (70 Vol.-%) mit 250 ml lauwarmem Wasser.

Tragen Sie die Zubereitung mit einem Pinsel auf die betroffenen Äste auf. Wenn auch die Blätter betroffen sind, verdünnen Sie die Mischung mit 1 l Wasser und verwenden Sie sie als Sprühbehandlung, um Verbrennungen zu vermeiden.

Wann und wie häufig anwenden?

Nach Bedarf.

Fixfertig aus dem Handel

All jene, die sich ans Selbermachen nicht herantrauen, finden im Internet in der Produktpalette der Marke *Fertiligène/ Naturen* ein vielseitig einsetzbares Insektenbekämpfungsmittel auf Rapsöl-Basis.

Durch das Auftragen mit dem Pinsel sind gezielte Anwendungen an den Ästen möglich.

Waschnüsse

Aus der Reinigungsabteilung in Biosupermärkten sind diese komischen kleinen Dinger uns bekannt. Die Früchte des *Sapindus mukorossi*, des in Indien beheimateten Waschnussbaumes, können uns aber auch im Garten wertvolle Dienste erweisen. Die Waschnuss enthält nämlich, wie auch das Seifenkraut (*siehe S. 52*), das natürliche Reinigungsmittel Saponin. Und das mögen Blattläuse ganz und gar nicht!

Wirkung

- **Gegen Blattlausbefall**, als Sprühbehandlung. Gegen die hartnäckigere Sorte (zum Beispiel die Schwarze Blattlaus), geben Sie einen Knoblauch- oder Chiliauszug bei.
- Auf **Schnecken** hat diese Zubereitung eine abschreckende Wirkung.

Insektizid gegen Blattläuse

Rezept

1 Geben Sie in einen Edelstahltopf fünf Waschnüsse auf 1 l kaltes Wasser. Bedecken Sie die Zubereitung und lassen Sie sie über Nacht stehen.

2 Erhitzen Sie die Zubereitung am nächsten Tag und lassen Sie sie 20 min kochen.

3 und 4 Lassen Sie die Zubereitung abkühlen, filtern Sie sie anschließend ab und füllen Sie sie in eine Sprühflasche. Verwenden Sie sie unverdünnt als Sprühbehandlung gegen Blattläuse.

Der Extra-Kniff

Diese Zubereitung eignet sich sehr gut zur Reinigung und Pflege Ihrer Zimmerpflanzen. Grob besprüht, sorgfältig mit einem im Seifenwasser getränkten Schwämmchen von Staub befreit und anschließend unter der Dusche abgespült, finden Ihre Zimmerpflanzen Glanz und Gesundheit wieder.

Wann und wie häufig anwenden?

Nach Bedarf.

Zur Abwehr von Schnecken

Rezept

Nach zwei oder drei Waschgängen auf niedriger Temperatur enthalten Waschnüsse nach wie vor Wirkstoffe. Bewahren Sie verwendete Waschnüsse also in einem Glas auf.

Auf eine gute Handvoll alter Nüsse geben Sie zwei bis drei neue und bringen Sie die Nüsse wie vorher in 1 l Wasser zum Kochen. Unverdünnt gegossen wirkt diese Zubereitung als Abwehrmittel von Schnecken (für Pflanzen ist sie ungefährlich!).

Wann und wie häufig anwenden?

Nach Bedarf.

1

2

3

4

Schmierseife und Marseille-Seife

Seife, das sind Kalium- oder Natriumsalze von Fettsäuren, besonders von pflanzlichen Fetten. Damit ist Seife zur Gänze biologisch abbaubar

Wirkung

Einfach in der Verwendung und zu Minipreisen erhältlich, ist Seife das Mittel Nummer Eins, wenn wir erste Anzeichen von Parasiten oder Krankheiten erkennen. Sie ist vielseitig einsetzbar: als **Insektizid**, **Netzmittel**, **Emulgator** und **Bakterizid**.

Schmierseife

Schmierseife gibt es in flüssiger Form (einfacher zu verwenden) oder als Paste, die kurz vor Anwendung in lauwarmem Wasser verdünnt werden muss.
1 EL Schmierseifen-Paste entspricht 2 EL flüssiger Schmierseife. Für alle Zubereitungen in diesem Abschnitt gilt die Mengenangabe für flüssige Schmierseife. Wenn Sie Paste verwenden, dann nehmen Sie einfach die halbe Menge.

Insektizid

Als Insektizid wirkt Schmierseife effizient, aber sanft, wodurch wir sie ohne Bedenken auch an empfindlichen Pflanzen, wie Zimmer- oder Jungpflanzen, anwenden können. Sie bekämpft Schildläuse, alle Arten von Blattläusen, Rote Spinnen, Fransenflügler etc. auf Bäumen, Sträuchern, mehr- oder einjährigen Pflanzen sowie Zimmerpflanzen.

Rezept

Rühren Sie mit einem Schneebesen 3 EL flüssige Schmierseife in 1 l warmes Wasser ein.

Lassen Sie die Mischung abkühlen und füllen Sie sie in eine Sprühflasche. Besprühen Sie damit vorsichtig die Blätter oben und unten, sodass alles Laub benetzt ist.
Wenden Sie diese Behandlung eher morgens oder abends an, nicht aber mitten an einem sonnigen Tag oder bei Regen. Bei Bedarf nach zwei bis drei Tagen wiederholen.

Wann anwenden?

Nach Bedarf, das ganze Jahr über.

Wie häufig anwenden?

Bei Blattläusen, die über einen sehr schnellen Lebenszyklus verfügen, kann bei starkem Befall jede Woche eine Behandlung notwendig sein.

Als Zusatz: Netzmittel oder Emulgator

Seife ist ein ausgezeichneter Zusatz, um dafür zu sorgen, dass Pflegeprodukte besser am Blatt haften oder ins Blattinnere eindringen können.
Zubereitungen gegen Pilzkrankheiten können verbessert werden, indem Sie pro 1 l Wasser 1 bis 2 EL Schmierseife beigeben.
Ihre Wirkung als Netzmittel und Bakterizid macht Seife auch zu einem guten Zusatz für Präventivbehandlungen. Sie ist zum Beispiel eine gute Ergänzung für Natronzubereitungen (*siehe S. 76*).
Außerdem ist Seife ein klassischer Emulgator – wird sie einer Ölzubereitung beigegeben, dann sorgt sie dafür, dass diese sich mit dem Wasser vermengen kann: Geben Sie pro 1 l Wasser 1 EL Schmierseife bei (*siehe S. 18*).

Bakterizid

Manche Schädlinge, etwa Blattläuse, rufen die Bildung eines schwarzen Pilzes hervor, den Rußtau. Dieser bildet schwarze Flecken auf den Blättern und zerstört diese nach und nach, indem er deren Poren verstopft und damit die Fotosynthese verhindert. Es ist nicht nötig, ein Spezialprodukt zu kaufen, um die Blattläuse loszuwerden – Schmierseife leistet hier gute Dienste!

Verdünnen Sie in einer kleinen Wanne 3 EL Schmierseife in 5 l lauwarmem Wasser.
Reinigen Sie die Pflanzen mithilfe eines kleinen Schwammes vom schwarzen Belag. Er löst sich problemlos.

Marseille-Seife

Wir verwenden echte biologische Marseille-Seife, hergestellt auf Basis von Olivenöl und Natrium und ohne Zusätze. Diese Seife wirkt sanfter als Schmierseife und eignet sich gut im Kampf gegen die Grüne und die Schwarze Blattlaus.

Rezept: Insektizid

1 Reiben Sie ein großes Stück Seife durch eine grobe Käsereibe.

2 Mischen Sie eine Handvoll geriebene Seife in 1 l heißes Wasser und rühren Sie um, bis die Seife sich vollständig aufgelöst hat.

3 Lassen Sie die Flüssigkeit abkühlen, füllen Sie sie in eine Sprühflasche und auf in den Garten!

Variationen
Es gibt unendlich viele Variationen für diese Zubereitung – zur Abwehr von Insekten geben Sie zum Beispiel einige Tropfen Lavendelöl bei, gegen die besonders hartnäckigen einen Löffel Rapsöl.

Wann und wie häufig anwenden?
Bei Blattlausbefall. Während ihrer Vermehrungsphase sind regelmäßige Behandlungen im Abstand von acht bis zehn Tagen notwendig.
Versuchsweise können Sie die Zubereitung auch gegen andere Insekten anwenden, indem Sie ätherisches Lavendel-, Minz- oder Knoblauchöl beigeben (*siehe S. 45*).

Ein Trick zum Sparen
Wenn Sie den Boden reinigen, schütten Sie die Seifenlösung nicht weg, sondern setzen Sie sie doch gegen unerwünschte Gartenbesucher ein!

Abfälle klug verwerten

- ~ Algen
- ~ Kuhdung
- ~ Holzasche
- ~ Milch
- ~ Kaffeesatz & andere kleine Helferlein
- ~ Komposttee
- ~ Urin

Es gibt eine Reihe von Produkten, die wir jeden Tag ohne nachzudenken in den Müll werfen und verkommen lassen, obwohl sie unseren Pflanzen doch sehr nützlich sein könnten. Sie lassen sich, rasch zur Hand, ganz einfach zu Pflanzenpflegemitteln verarbeiten – ob als Stimulator, Dünger oder zur Heilung von Krankheiten. Das ist einfach und völlig kostenlos – ein Glück für uns und eine Methode für die Zukunft, wenn man sich die Preise von Pflanzenpflegemitteln aus dem Handel einmal so ansieht!

Algen

Algen sind ein reichhaltiges Produkt, das in unseren Meeren im Rhythmus der Gezeiten entsteht – ein wertvoller Schatz für all jene, die das Glück haben, am Meer zu leben. Gemüsegärtner in Küstengegenden wissen diese Pflanzen zu nutzen und zaubern daraus leckere Gerichte. Ob nun Fucus, Laminaria, Meersalat, Rot-, Grün- oder Braunalgen – die Algenernte bietet eine gute Gelegenheit, Ihrem Garten Gutes zu tun, und zwar komplett kostenlos.

Wirkung

Reich an Stickstoff, Kalium, Magnesium, Kalzium und zahlreichen wichtigen Spurenelementen, wirken Algen auf Ihre Pflanzen **nährend, ohne aber ihr natürliches Gleichgewicht zu stören. Auf Jungpflanzen wirken sie im Frühling kräftigend.**

Ernte

Da die Strände heute nicht mehr so sauber sind, wie sie einmal waren, ist es wichtig, beim Sammeln der Algen gut hinzuschauen und sorgfältig zu trennen. Nehmen Sie zwei Müllsäcke zur Hand: einen großen für Algen und einen kleinen für Plastikabfall, der sich darin verfangen hat. Ziehen Sie Handschuhe an und trennen Sie vorsichtig das eine vom anderen.

Wenn Sie zurück zu Hause sind, entleeren Sie die Algen auf einem nicht bebauten Platz in Ihrem Garten (damit das Salz Ihren Rasen nicht verbrennt) und lassen Sie sie liegen, bis das Salz durch mehrere Regenfälle herausgespült wird. Die Algen können Sie dann dem Kompost beigeben, zum Mulchen verwenden oder damit eine belebende Pflanzenpflege herstellen.

Überschüssige Algen können Sie trocknen und in einem Jutesack lagern, um sie ein anderes Mal zu verwenden.

Sie können Ihre Algen natürlich auch kaufen, in manchen Bioläden oder in Asia-Läden sind Algen erhältlich.

Rezept

Ein Algenauszug verlangt die gleichen Anfangsschritte wie auch ein Pflanzenauszug, endet aber als fermentierter Extrakt. Legen Sie 2 kg entsalzte Algen in einen großen Eimer Wasser ein und lassen Sie diese Mischung etwa zehn Tage im Schatten stehen.

Rühren Sie jeden Tag mehrmals um, bis die Flüssigkeit eine braune Farbe annimmt.

Filtern Sie sie durch ein Sieb.

Anwendung

- Um Jungpflanzen zu **stimulieren** und ihre Abwehrkräfte zu **stärken**, verdünnt (5 %) sprühen. Hilft Pflanzen auch, nach Wettereinwirkung, Krankheit oder heftigem Schädlingsbefall, ihr Gleichgewicht wiederzufinden.
- Zum Gießen von stark zehrendem Gemüse (Kartoffeln, Kohl, Tomaten, Kürbis), Blütenpflanzen, Obstbäumen, Sträuchern etc. verdünnt (10 %) gießen. Die Wirkung zeigt sich in einem kräftigen Blattgrün.

Sie können Algen auch der Mischung beigeben, die Sie verwenden, um Rosen vor der Pflanzung einzutauchen (*siehe S. 96* – als Zusatz oder statt des Kuhdungs). Für Pflanzen, die sich **regenerieren** müssen, sind Algen ein **guter Stimulator**.

Kuhdung

Kuhdung ist ein wichtiger Helfer im Garten. Sowohl als Zutat für Anstriche als auch zur Behandlung der Wurzeln vor der Pflanzung spielt er eine wichtige Rolle. An ihn heranzukommen, ist für Neogärtner allerdings gar nicht so einfach. Am Land scheint dies einfacher als in der Stadt, sollte jedoch auch hier nicht unterschätzt werden. Denn oft sind Kuhweiden durch einen schwer überwindbaren mehrfachen elektrischen Zaun begrenzt oder aber in der Herde befindet sich ein Stier, der die Annäherung eines jeden Fremdlings misstrauisch beobachtet. Seien Sie daher vorsichtig, bitten Sie den Bauern um Erlaubnis oder, wenn möglich, um Hilfe.

Wann anwenden?

Im Frühling auf alle Jungpflanzen.
Während der kritischen Periode der letzten Fröste hilft eine Sprühbehandlung mit Algensaft (5 %) jungen Trieben, die tiefsten Temperaturen an der Grenze zum Frost zu überstehen.
Als Gießbehandlung während der Wachstumsperiode und Fruchtbildung der Pflanzen.
Sie können auch Anstrichen am Winterende Algen beigeben.

Wie häufig anwenden?

Während der Saison nach Bedarf mehrmals wiederholen.

Wirkung

Kuhfladen enthalten ein Konzentrat an lebenden Mikroorganismen, die auf Pflanzen **dynamisierend und schützend** wirken. Werden Pflanzenwurzeln vor dem Einsetzen in eine Kuhdung-Mischung eingetaucht, so hat dies zweierlei Wirkung:

- Kuhdung **schützt Wurzeln**, die leicht austrocknen.
- Er enthält natürliche Wachstumshormone, die für die Entwicklung von Pflanzen unabdingbar sind, und stimuliert somit die **Bildung und Entwicklung neuer Wurzeln**. Diese Hormone ersetzen synthetische Hormone aus dem konventionellen Handel.

Sammeln

Beim Sammeln der Kuhfladen sind zwei Kriterien zu beachten: Frisch müssen sie sein und „bio" müssen sie sein!

Die Frische garantiert die Aktivität der Mikroorganismen. Die Haltung der Kühe beeinflusst auch die Qualität des Kuhdungs. Kuhfladen von Kühen, die „Fertigfutter" bekommen, enthalten zum Beispiel nicht dieselbe Qualität an Mikroorganismen. Antibiotika, die in der konventionellen Landwirtschaft teilweise eingesetzt werden, finden sich auch im Kuhdung wieder und zerstören dort die Mikroflora. Sie bringen so das Leben im Garten aus der Balance, anstatt für Gleichgewicht zu sorgen.

Gute Qualität können Sie erkennen! Sammeln Sie den Kuhdung im Freien auf der Weide, nahe einer Herde. „Gute" Kuhfladen riechen – allerdings nicht schlecht, also sauer. Sie sind nicht flüssig, sondern haben eine kompakte Konsistenz so wie Kuchen. Erfahrene Gärtner werden Ihnen ganz besondere „Geheimtipps" nennen, ob nun die Heuqualität oder die Länge der Hörner ausschlaggebend ist, wobei die Kühe aus der Region je die Nase vorne haben werden. Finden Sie es selbst heraus!

Eine schöne, feste Konsistenz ist ein Zeichen für gute Qualität.

Ein wenig verfeinert, gibt Kuhdung einen ausgezeichneten Flüssigdünger.

Kuhdung-Mischung zum Eintauchen von Wurzeln vor der Pflanzung

Rezept

1. Mischen Sie in einem Eimer drei Schaufeln Kompost und drei Schaufeln fein gesiebte Tonerde. Fügen Sie Wasser bei, bis die Mischung aufquillt, und rühren Sie dann um oder geben Sie bei Bedarf noch etwas bei. Die Konsistenz sollte jener eines Pfannkuchenteiges entsprechen.

2. Mengen Sie eine kleine Schaufel frischen Kuhdung bei und rühren Sie noch einmal um, bis Sie eine kompaktere Masse enthalten, die an Kuchenteig erinnert.

Anwendung

Zum „Baden" der Wurzeln vor der Pflanzung und nach dem Wurzelschnitt: bei Blumen oder Gemüse, die als Nacktwurzler gekauft werden, aber auch bei Rosen, Bäumen und Sträuchern.

Wann und wie häufig anwenden?

Das ganze Jahr über.

Gärtnerische Geheimnisse

Jeder Gärtner hat sein eigenes Rezept, nach dem er seine Mischung herstellt. Einer gibt etwa ein Glas Beinwelljauche bei, ein anderer Algensaft oder einen Schafgarben-Aufguss. Entwickeln Sie Ihr eigenes Geheimrezept!

Als Flüssigdünger

Rezept

1 und 2 Lassen Sie eine kleine Schaufel reifen (flacher als frischer Kuhdung) oder trockenen Kuhdung zerbröselt 24 h in einem Eimer Regenwasser einweichen.

3 und 4 Filtern Sie die größten Feststoffe ab und verwenden Sie die Flüssigkeit zum Gießen.

Anwendung

Stark zehrende Gemüsesorten mit verdünnter (10 %) Lösung gießen.

Wann und wie häufig anwenden?

Während der Saison, alle zwei Wochen.

Holzasche

Ob aus Schornstein, Holzofen oder als Rückstände nach der Verbrennung von Gartenabfall – Holzasche gibt eine gute und nebenbei völlig kostenlose Basis für Dünger. Wenn Sie selbst keine haben, fragen Sie Ihre Nachbarn – die werden froh sein, ihre Asche loszuwerden.

Wirkung

Holzasche ist ein guter Dünger, reich an Kalzium, Kalium, Phosphor, Kieselerde und Mineralsalzen. Sie **fördert Blüte und Fruchtbildung** – ein nährstoffreicher Zusatz also für den Gemüse- oder Obstgarten, für Beeren, Blütensträucher und Rosen.
Holzasche bildet außerdem eine gute Basis für verschiedene Cocktails mit Pflanzenjauche (Kletten, Schafgarbe, Brennnessel etc.) oder Urin (*siehe S. 108*).

Asche als Basis für Mehrzweckdünger

Ein einziges Minus!

Nicht angewendet werden sollte Holzasche auf Moorbeetpflanzen oder auf Pflanzen, die auf zu viel Kalk sensibel reagieren. Asche enthält Kalzium, ist also basisch, das könnte zu Chlorose führen. Bei Pflanzen, die einen pH-neutralen Boden benötigen, können Sie durch Beigabe von Brennnesseljauche ausgleichen.

Sammeln

Achten Sie darauf, nur Asche aus unbehandelten Materialien zu verwenden – also aus Holz ohne Farbe oder Kleber. Verwenden Sie keine Asche aus wenig vertrauenswürdigen Mülleimern – darin könnten Plastik oder Polystyrol enthalten sein, deren giftige Rückstände unweigerlich in Ihrem Gartengemüse landen.
Für gutes Gelingen ist ein wenig Vorbereitung nötig: Ist die Asche einmal ausgekühlt, dann seihen Sie die größeren Feststoffe ab, die sich nicht schnell genug zersetzen. Sie können diese aber gleich zur Seite legen und trocken lagern. So haben Sie das ganze Jahr über welche griffbereit.

Und Holzkohle?

Holzkohle kann beim Abseihen der Asche herausgenommen werden – als Fungizid ist sie einfach zu verwenden und ein wirksames Mittel gegen Umfallkrankheiten.
Zerdrücken Sie die Holzkohle über einer Untertasse. Streuen Sie das Pulver auf das Pflanzensubstrat in den Kästchen. Besonders wichtig für die Aussaat im Warmen in Innenräumen!

Als Auszug

Rezept

1 Weichen Sie am Vortag 300 g gesiebte Asche in 5 l Regenwasser ein. Lassen Sie die Flüssigkeit 24 h stehen, sodass das Kalium sich aus der Asche löst.

2 Am Tag der Zubereitung rühren Sie um, filtern Sie die Flüssigkeit anschließend mithilfe eines feinen Siebes direkt in die Gießkanne. In der Vorratskammer oder im Keller gelagert hält diese Zubereitung eine Woche. Rühren Sie vor und während der Anwendung um.

Wann und wie häufig anwenden?

Während der Saison kann dieser Dünger auf stark zehrende Pflanzen (Tomaten, Kohl, Kürbisse etc.) in der Produktionsphase oder auf Rosen alle zwei Wochen angewendet werden.

Die Express-Version

Geben Sie eine Handvoll Asche in eine Gießkanne mit 10 l Wasser. Rühren Sie gut um, damit die Asche sich im Wasser verteilt. Gießen Sie Obstbäume und Beeren.

Zum Bestreuen

Streuen Sie im Herbst oder zu Frühlingsbeginn, wenn die Erde wärmer wird, eine Handvoll Asche pro m² auf den Mulch im Gemüsegarten, an den Fuß von Obstbäumen, unter Sträucher, Rosen, zwischen mehrjährige Pflanzen etc. Die Regenwürmer werden sie mit dem Blatthumus unter die Erde tragen.

Vorsicht!
Ein Zuviel an Asche kann den Boden verbrennen oder verstopfen.

Milch

Um wertvolle Pflanzenpflegemittel herzustellen, müssen Sie natürlich nicht in den Supermarkt laufen und frische Milch kaufen! Verwenden Sie besser Rückstände aus Milchpackungen, abgelaufene Milch (vielleicht von Ihrem Lieblingshändler), überschüssige Milch vom Bauernhof oder die Molke von sorgfältig abgetropftem Frischkäse. Greifen Sie idealerweise zu Produkten mit einem geringen Fettanteil, sodass möglichst wenig Zersetzung stattfindet. Verwenden Sie also eher Magermilch oder Magerkäse.

Wirkung

Mit ihrem hohen Anteil an Mikroorganismen hat Milch eine **heilende Wirkung auf traumatisierte Böden**. Zu **Winterende** bringt sie die **Mikroorganismen** im Boden wieder in Schwung. Sie hilft im Kampf gegen alle Formen von Echtem Mehltau (Kürbisgewächse, Rosen, mehrjährige Pflanzen, Erdbeeren etc.).
Molke ist **reich an Mineralsalzen**, die in Anstrichen sehr nützlich sind.

Rezept

1 Mischen Sie direkt in der Sprühflasche 500 ml Mager- oder fettarme Milch mit 4,5 l Wasser.

2 Schütteln Sie die Mischung gut durch und sprühen Sie am Morgen oder am Abend.

Anwendung

- **Als Anstrich:** in Winteranstriche mit Tonerde (*siehe S. 59*) mischen (5 %). In dieser Anwendung wird eher Molke verwendet.
- **Als Sprühbehandlung:** gegen Echten Mehltau verdünnt (10 %) sprühen. Kann auch mit Schachtelhalm-Aufguss verdünnt werden. Während des Angriffs alle zehn bis zwölf Tage wiederholen, danach in längeren zeitlichen Abständen.

◗ **Als Gießbehandlung:** zur Dynamisierung verdünnt (10 %, das sind zwei Gläser pro 5-l-Gießkanne) gießen. Hilft, traumatisierte Böden zu revitalisieren. Milch kann auch anderen Zubereitungen mit dynamisierender Wirkung beigegeben werden, wie zum Beispiel einem Schafgarben-Auszug.

Wann und wie häufig anwenden?

◗ **Als Anstrich:** im Herbst und am Winterende, bei milden Temperaturen
◗ **Als Sprühbehandlung:** den ganzen Sommer über, während des Angriffs alle zehn bis zwölf Tage wiederholen, danach seltener
◗ **Als Gießbehandlung:** sobald die Bodentemperatur steigt, wenn die ersten Keimlinge zu sehen sind
◗ **Während des Jahres:** nach Hagel, schweren Regenfällen oder einer langen Trockenperiode

Fixfertig aus dem Handel
Molke können Sie auch kaufen!

Ein Molke-Wasser-Gemisch hilft, Böden nach Gewittern zu „reparieren" oder Salatpflanzen zu dynamisieren.

Kaffeesatz und andere kleine Helferlein aus der Küche

Kaffeesatz dient nicht nur dazu, um in ihm in der Zukunft zu lesen und uns eine reiche Ernte für das nächste Jahr vorherzusagen! Für mich ist er ein Material, das für unsere Gartenpflanzen viel nützlicher ist als für den Kompost.

Wirkung

- Mit seinem hohen Stickstoff- (2 %) und Mineralsalzgehalt (Magnesium, Kalium etc.) ist Kaffeesatz ein sehr empfehlenswerter **Dünger** – vor allem auch deshalb, weil er sich (wie alle organischen Dünger) langsam zersetzt und die Pflanzen daher über eine längere Zeit nährt.
- Kaffeesatz ist außerdem leicht **sauer**. Wer Kaffee trinkt, der hat regelmäßig einen kostenlosen Dünger für seine Terrassenpflanzen zur Hand. Moorbeetpflanzen, die einen sauren Boden benötigen, werden ihn ganz besonders mögen.

Ein perfekter Dünger für Raumpflanzen

Mit seinem angenehmen Geruch eignet sich Kaffeesatz besonders gut für Zimmer- oder Terrassenpflanzen, die – in ihrem kleinen Blumentopf abgeschottet – immer wieder ein wenig Stimulation benötigen. Eine gute Alternative zu organischen Düngern wie Jauche oder Algensaft, die wegen ihres Geruchs im Haus nur begrenzt zum Einsatz kommen können.

Rezepte

Als Gießbehandlung

1 Kippen Sie den Kaffeesatz aus Ihrer Kaffeemaschine oder dem Kaffeefilter in Ihre Gießkanne.

2 Geben Sie eine Schale kaltes Wasser bei und gießen Sie mit dieser Mischung Ihre Pflanzen.

Beim Umtopfen

Verwenden Sie auch beim Umtopfen Kaffeesatz, indem Sie ihn unter die Erde mischen. Diese wird dadurch angereichert. Bei bereits umgetopften Pflanzen können Sie den Satz auf der Oberfläche des Topfes verteilen und anschließend mithilfe einer Gabel vorsichtig unter die Erde mischen.

Anwendung

Bei Grünpflanzen, Blütenpflanzen im Topf (innen oder außen), Moorbeetpflanzen (Azalee, Hortensie, Rhododendren, Seidelbast etc.), Topfgemüse etc.
Bei Pflanzen, die Kalk benötigen (pH-Wert höher als 7) können Sie den Säuregehalt verändern, indem Sie fein zerbröselte Eierschale daruntermischen.

Wie häufig anwenden?

Nach eigenem Ermessen, einzig der Gießrhythmus ist zu beachten.

Andere Einsatzgebiete für Kaffeesatz

Ein harter Gegner für Ameisen

In der Nähe des Wohnhauses sind Ameisenhügel oft störend, denn ihre Bewohner belagern uns nur allzu gerne. Kaffeesatz schafft sogar die hartnäckigsten!

1 Bedecken Sie den Ameisenhaufen mit Kaffeesatz.

2 Schütten Sie zur Verdünnung ein wenig Wasser darüber. Legen Sie einen Stein darauf, damit der Regen den Kaffeesatz nicht auswäscht.
Wenn die Ameisen wiederkommen, dann genügt es, Kaffeesatz nachzulegen. Sie ziehen sich sofort wieder zurück.

Zum Schutz der Keimlinge vor Katzen

Manche Katzen mögen den Geruch von Kaffee nicht. In diesem Fall reicht es, beim Pflanzen Kaffeesatz unter die Samen zu mischen. So können Sie Katzen auf Distanz halten.

Und Teeblätter?

Teerest (und Reste von heilenden Aufgüssen aller Art) müssen Sie nicht in die Spüle schütten! Sie können sie auch verwenden, um Zimmerpflanzen zu gießen – für diese sind solche oft ein wahres Tonikum! Gießen Sie den Rest in Ihrer Teekanne ganz einfach in Ihren Blumentopf. Feststoffe bleiben auf der Erde liegen und bilden dort eine nährende Decke.

Darf's ein Schluck Rot sein?

Den Bodensatz von Gläsern und Flaschen, im Verhältnis 50 : 50 verdünnt, werden Ihre Topfpflanzen lieben. Auch Wein darf verwendet werden. Ich empfehle allerdings eher eine Anwendung auf der Terrasse als in Innenräumen. Und genauso wie wir sollten auch Pflanzen nicht zu viel davon bekommen!

Komposttee

Kompostieren ist die Kunst, Reste so zu verwerten, dass aus ihnen ein großartiger Dünger wird. Sie können noch weiter gehen und Komposttee herstellen, einen Flüssigdünger, den alle Pflanzen schnell aufnehmen können. Dieser nährstoffreiche Dünger eignet sich für den Garten, ob nun Gemüse- oder Ziergarten, sowie auch für Ihre Terrassen- und Zimmerpflanzen – der große Vorteil ist, dass er nicht so streng riecht wie Pflanzenjauche.
Ich spreche hier von der einfachsten Zubereitungsart – eine aufwendigere Methode ist die Mazeration mit Zufuhr von Sauerstoff. Hier bedarf es eines speziellen Gerätes und strenger Überwachung.

Wirkung

Komposttees sind genau der **kleine Schub**, den der **Gemüsegarten gegen Mitte der Saison** braucht: Die Pflanzen haben zu diesem Zeitpunkt die im Frühling zugeführten Nährstoffe großteils schon aufgenommen. Alle stark zehrenden und langlebigen Kulturen schätzen den Komposttee jetzt sehr: Kohl, Tomaten, Auberginen, Kürbisgewächse etc.
Zur Pflege von Zimmer- und Topfpflanzen ist er eine gute Ergänzung – ein günstiger Ersatz für Flüssigdünger aus dem Handel.

Sehr praktisch: ein Zapfhahn

Saft aus dem Wurmkompostierer

Entnehmen Sie den Saft, der sich in Ihrem Wurmkompostierer ansammelt.
Verdünnt (5 %) gesprüht wirkt er **stimulierend auf Jungpflanzen** im Frühling.
Verdünnt (20 %) gegossen ist er ein **ausgezeichneter Dünger** – er ist leicht löslich und kann von den Pflanzen schnell aufgenommen werden.

Kompostauszug

Arbeiten Sie für diese Zubereitung mit Kompost, der schon stark zersetzt ist. Weichen Sie diesen in einem Eimer Wasser ein, wobei die Formel lautet: eine Schaufel Kompost pro 10 l Wasser. Stellen Sie den Eimer in den Schatten und lassen Sie ihn dort vier bis fünf Tage stehen. Rühren Sie mehrmals pro Tag um, um genügend Sauerstoff zuzuführen.
Nach einigen Tagen nimmt die Flüssigkeit eine braune Farbe an – Tea Time! Sie können den Komposttee jetzt verwenden. Er wird verdünnt (10 %) gegossen.

Wenn's schnell gehen muss …

Geben Sie eine Handvoll gesiebten Kompost in eine kleine Gießkanne mit 3 l Wasser. Rühren Sie gut um und gießen Sie.

Wann anwenden?

Von Juli bis September im Gemüsegarten.
Bei Zimmerpflanzen von März bis September, bei einjährigen Sommerblumen im Topf während der ganzen Saison.

Kompostsaft – der kleine Energiestoß während der Sommerblüte

Urin

Noch vor nicht allzu langer Zeit nannte man den Urin den „Dünger der Gärtner"! Nicht nur auf dem Land, sondern auch in den Kleingärten der Stadt wurde diese Art der Abfallverwertung praktiziert: Die Herren Gärtner pinkelten in ihre Gießkannen, bevor sie ihr Gemüse gossen. Unsere zunehmende Abneigung gegenüber allem „Unhygienischen" ließ diese Praxis nach und nach verschwinden – dabei ist Urin doch steril.

Wirkung

Urin ist, in Kombination mit Wasser, als **Dünger** ein **wahrer Energieschub** für unsere Pflanzen.

Als Stimulator

Rezept

1 Arbeiten Sie mit Morgenurin – dieser ist nährstoffreicher. Um sicher zu gehen, dass Sie reinen Urin haben, urinieren Sie direkt in einen Eimer oder eine Flasche.

2 Verdünnen Sie den Urin anschließend (10 % – das sind 9 l Wasser pro 1 l Urin), rühren Sie um und gießen Sie die Flüssigkeit direkt an den Fuß Ihrer stark zehrenden oder schwächlichen Pflanzen.
Idealerweise gießen Sie den Dünger auf gemulchten Boden. Der enthaltene Kohlenstoff gleicht den im Dünger enthaltenen sehr hohen Stickstoffanteil aus. Sie können den Dünger auch kühl in einem Nebengebäude oder zumindest im Schatten tagsüber lagern und am Abend verwenden.

Wann und wie häufig anwenden?

Wann immer notwendig während der Wachstumsperiode. Zur Stimulation von Kohl, Rosenkohl, Sellerie, Mais, Lauch alle 12 bis 14 Tage anwenden. Auch im Ziergarten für Rosen, Sträucher, Jungbäume etc.

Urin und Asche – ein Komplett-Dünger!

Jüngste Studien bezeugen die Wirkungskraft dieser beiden Substanzen in Kombination. Die Formel: Stickstoff für Wachstum + Phosphor und Kalium für eine bessere Fruchtbildung.

Rezept

1 Beginnen Sie am Vortag mit der Zubereitung eines Wasser-Asche-Gemischs (*siehe S. 100*). Geben Sie dafür 500 g gesiebte Asche in 10 l Regenwasser. Lassen Sie die Mischung 24 h stehen, sodass sich das Kalium aus der Asche löst. Filtern Sie dann die Flüssigkeit durch ein feines Sieb.

2 Zur Herstellung Ihres Düngers geben Sie nun pro 9 l Aschenwasser 1 l Urin bei. Mischen Sie die beiden Flüssigkeiten gut durch. Gießen Sie, wobei Sie während der Verwendung umrühren.

Anwendung

Für alle stark zehrenden Pflanzen, Fruchtgemüse (Zucchini, Gurken, Kürbisse, Tomaten, Melonen, Kohl, Rosenkohl etc.), groß wachsenden einjährigen Pflanzen (Kosmeen, Cleomen, Amarant, Sonnenblumen, Zinnien etc.), Topfpflanzen (Pelargonien, Fuchsia, Petunien, Tabak etc.), Rosen, Sträucher, Beeren und Obstbäume.

Wann und wie häufig anwenden?

Während der Saison alle zwei Wochen.

Vorsicht!

- Wenden Sie diese Methode nicht an, wenn Sie krank oder in Behandlung sind.
- Urin muss immer verdünnt werden. Pur wirkt er vernichtend – er verbrennt die Pflanzen und zerstört die Mikroorganismen im Boden.

anc Valley
CH MOUNTAINS

Schlusswort

Sie werden es schon bemerkt haben: Dieses Buch fordert Sie nicht dazu auf, auf Teufel komm raus Ihre Pflanzen zu dopen, sondern will vielmehr zu einem sorgsamen, weisen Umgang mit Ihrem Garten anregen. Verwenden Sie in erster Linie Materialien, die Sie gerade zur Verfügung haben. Die Zeit, die es zum Nachdenken braucht, ist in unseren Anleitungen nicht miteinberechnet, ist aber sicherlich eine lohnende Investition. Mit den Jahren werden Sie sehen, dass Ihre Behandlungen Ihre Pflanzen gesünder und stärker werden lassen und sie widerstandsfähiger gegen Insektenangriffe und Krankheiten machen. Solche Perioden sind nicht weiter tragisch, erfordern aber von Fall zu Fall unterschiedliches Vorgehen. Blattläuse auf einem Rosenstrauch zu bekämpfen kann sinnvoll sein, wenn dieser Anzeichen von Schwäche zeigt. Handelt es sich aber um einen kräftigen Rosenstrauch, dann können wir vielleicht noch einige Tage warten, bis Nützlinge kommen und das Problem sich von selbst löst. Die geeignete Behandlungsmethode erst zu finden, und dann auch noch richtig anzuwenden, erfordert Erfahrung.

In unserem zwei Hektar großen Garten (Der Garten von Albarède/Frankreich) werden bis auf zwei biologische Basispflegemittel (Schwefel und ein Stimulator mit Kupfer) ausschließlich Produkte aus eigener Erzeugung verwendet. Das zeigt: Die Fläche ist kein Hindernis für pestizidfreies Gärtnern und die Herstellung hauseigener Pflegeprodukte.

Dieses Buch will nicht nur traditionelle Methoden der Pflanzenpflege vorstellen, sondern Sie auch einladen, ein wenig zu experimentieren und gärtnerisches Wissen an andere Pflanzenfreunde weiterzugeben – das ist es ja schließlich, was diese Arbeit so spannend macht. Und so ist es auch passiert, dass viele gärtnerische Geheimtipps nie in Vergessenheit geraten oder unter die Räder des Gesetzes gekommen, sondern nach wie vor aktuell sind – heute vielleicht mehr denn je.

Starten Sie also los: Es ist jetzt an Ihnen, Ihr Werk zu schaffen!

Anhang

Jean-François Lyphout

Synthesemoleküle und künstliche Dünger aller Art lehnt Jean-François Lyphout schon seit seinen Anfängen als Profigärtner ab – seit einigen Jahren arbeitet er ausschließlich mit natürlichen Mitteln.
2004 lernt er Vincent Mazière kennen, in Frankreich einer der Pioniere im Bereich der Herstellung fermentierter Extrakte. Als Jean-François daraufhin beginnt, sich ebenfalls mit Pflanzenjauche zu beschäftigen und auf die Wirkungskraft dieser Zubereitungen aufmerksam wird, da eröffnen sich ihm neue Wege.
2006 tritt in Frankreich ein Gesetz in Kraft, das die Herstellung und Verwendung von Brennnesseljauche (offiziell aus Umweltschutzgründen) streng reglementiert. Dieses Gesetz setzt natürliche Produkte mit chemischen gleich: Wer sie vertreiben will, der braucht eine Genehmigung. Der „Brennnesselkrieg“ zwischen Regierung und Pharmalobby auf der einen und Biogärtnern auf der anderen Seite ist damit erklärt. Als Reaktion auf dieses Gesetz formiert sich eine Vereinigung mit dem Ziel, allen Profi- und Hobbygärtnern ihr Recht zuzuerkennen, traditionelle natürliche Zubereitungen verwenden und weitergeben zu dürfen. Trotz der drastischen Reglementierung stellt Jean-François weiter Brennnesseljauche her, diversifiziert seine Produktion und wird Präsident der Vereinigung. In Zusammenarbeit mit Verantwortlichen aus Politik, Wirtschaft und anderen Assoziationen soll erreicht werden, dass diese natürlichen Produkte offiziell als Heil- und Pflegemittel anerkannt werden – nur so kann auf Pestizide, deren maßloser Einsatz uns bereits seine Gefahren und Grenzen aufgezeigt hat, verzichtet werden. Der Kampf um diese Rechte ist noch nicht zu Ende, denn das Gesetz von 2006 gilt in Frankreich nach wie vor.

Jean-François Lyphout
Les Gounissoux
24210 Ajat
Tel.: +33 5 53 05 28 44
Internetauftritt (französisch): www.fortiech.fr

Französischer Name der Vereinigung:
Association pour la Promotion des Préparations Naturelles Peu Préoccupantes (ASPRO-PNPP)
Internetauftritt (französisch): www.aspro-pnpp.org

Die Initiative *Battement d'Ailes* und Marceau Bourdarias

Gegründet im Jahr 2002, arbeitet die Initiative *Battement d'Ailes* (zu Deutsch „Flügelschlag") in einem fünf Hektar großen Garten in der Nähe von Brive-la-Gaillarde in Zentralfrankreich. Dieser Garten dient nicht nur der Produktion von Gemüse und Obst, sondern auch zu Bildungs- und Versuchszwecken. Das Team organisiert und leitet Lehrgänge, Praktika und Werkstattkurse. Ein besonderes Augenmerk liegt auf dem Bereich Agrarökologie. Die Bildungssaison wird jedes Jahr mit einer Saatgut-Tauschbörse eröffnet. Eigene Stecklinge produzieren, den Boden kennenlernen, kompostieren, mulchen, Pflanzenpflege, Bäume schneiden und pfropfen, richtige Diagnose – all das und vieles mehr wird gelehrt. Ziel ist es, Gärtnern – ob nun Anfänger oder Fortgeschrittene – das nötige Werkzeug für selbstständiges Arbeiten mitzugeben. Neben diesen Aktivitäten beschäftigt sich die Initiative auch mit anderen Bereichen des menschlichen Schaffens: Bauen, Wirtschaft, Zusammenarbeit, Erziehung und Bildung.

Marceau Bourdarias ist einer der Gründer der Initiative. In der Region geboren und in einem sehr ökologisch denkenden Umfeld aufgewachsen, studierte er zunächst Landschaftsgestaltung, um sich schließlich auf Baumpflege zu spezialisieren. Als der Wunsch größer wurde, sein Wissen auch weiterzugeben, begann er zu unterrichten, unter anderem in der Initiative *Battement d'Ailes* und an Höheren Schulen für Landwirtschaft. Seine Hauptinteressen sind Agronomie, Biodynamische Landwirtschaft, natürliche Pflanzenpflege sowie sanfter Baum-, Strauch- und Rebschnitt. Daneben arbeitet Marceau Bourdarias selbstständig als Naturheilpraktiker für Bäume.

Die Initiative *Le Battement d'Ailes*
Internetauftritt (französisch): www.lebattementdailes.org
Facebook: www.facebook.com/lebattementdailes

Marceau Bourdarias
marceau.bourdarias@no-log.org
Telefon: +33 6 22 92 10 02

Index: Krankheiten und Schädlinge

Insekten

Krankheiten

Andere Probleme

Allgemeiner Index

Buchempfehlung

Auf einen Blick ...

Hier finden Sie alle im Buch vorgestellten Behandlungsmöglichkeiten auf einen Blick. Wenn Sie ein Rezept oder eine Anleitung brauchen, dann sehen Sie einfach auf der angegebenen Seite nach. Die Pflanzen, deren Namen hier fett gedruckt erscheinen, werden auf den Seiten 46 bis 54 genauer vorgestellt.

Zubereitungsform	**Insektenabwehr** (hält Insekten fern)	**Insektizid** (tötet Insekten)	**Fungizid** (tötet Pilze ab)	**Dünger/ Stimulator**	**Abschreckung**
Zubereitungen auf pflanzlicher Basis					
Auszug (Mazerat) S. 14	- **Brennnessel** (Blattläuse und Milben) - Muskatellersalbei - Rhabarber (Blattläuse, Raupen, Schnecken) - Zwiebel (Blattläuse, Möhrenfliege)	- Chili und Gewürze - **Knoblauch** (Blattläuse, Milben, Kartoffelkäfer etc.)	- **Gemeine Schafgarbe** - Kapuzinerkresse - Meerrettich - Zwiebel	- **Gemeine Schafgarbe**	- Chili und Gewürze - **Knoblauch**
Aufguss (Infus) S. 20	- **Heiligenkraut** - **Lavendel** - Minze - Oregano - **Rainfarn** (Blattläuse, Flohkäfer, Raupen etc.) - Schachtelhalm - **Wermut** (Blattläuse, Großer Kohlweißling)	- **Brennnessel** (Blattläuse) - Farnkraut - **Heiligenkraut** (Blattläuse, Milben und Mottenschildläuse) - Minze - **Rainfarn** - Schachtelhalm - **Seifenkraut** - **Wermut**	- Oregano - **Rainfarn** - Schachtelhalm		- **Farnkraut** (Schnecken)
Abkochung (Dekokt) S. 23	- **Holunder** - **Knoblauch** - Schachtelhalm - **Seifenkraut** (Blattläuse) - **Wermut** (Blattläuse etc.)	- Adlerfarn (Blattläuse) - **Beinwell** (Blattläuse) - **Knoblauch** - **Rainfarn** (Blattläuse, Flohkäfer, Raupen etc.) - Schachtelhalm	- **Brennnessel** (Wurzel) - **Holunder** - **Knoblauch** - Schachtelhalm	- **Beinwell**	

Zubereitungsform	Insektenabwehr (hält Insekten fern)	Insektizid (tötet Insekten)	Fungizid (tötet Pilze ab)	Dünger/ Stimulator	Abschreckung
Fermentierter Extrakt (Jauche) S. 26	- Farnkraut - **Lavendel** (Blattläuse und Ameisen) - **Rainfarn** (Blattläuse, Flohkäfer, Raupen etc.)	- Adlerfarn - **Seifenkraut** (Blattläuse) - **Wermut** (Blattläuse, Großer Kohlweißling etc.)	- **Klette** (Falscher Mehltau) - **Löwenzahn** - Schachtelhalm - **Wermut**	- Adlerfarn - **Beinwell** - **Brennnessel** - **Holunder** - **Klette** - **Löwenzahn** - Schachtelhalm - **Wermut**	- **Holunder** (Maulwürfe)
Ätherische Öle S. 39	- Java-Zitronengras (Mücken und Fliegen)	- Jamaikapfeffer (Blattläuse, Schildläuse, holzfressende Insekten) - Java-Zitronengras (Blattläuse) - Kampfer (holzfressende Insekten) - **Knoblauch** (Blattläuse, Ameisen, blattfressende Raupen, als Injektion gegen holzfressende Insekten) - Pfefferminze (Blattläuse, Raupen) - Rosengeranie (Blattläuse, Schildläuse, Mottenschildläuse) - Salbei (Blattläuse, Raupen) - Speiklavendel (Blattläuse) - Weinraute (Blattläuse, holzfressende Insekten)	- Bohnenkraut (gegen die Kräuselkrankheit vorbeugend, Falscher Mehltau, Krebs bei Obst- und Zierbäumen) - **Knoblauch** (Echter Mehltau) - Oregano - **Rainfarn** (Rost, bei Rosen, Stockrosen, Malven etc. eventuell mit kupferhaltigem Pflanzenstärkungsmittel) - Sand-Thymian (Krebs, Falscher Mehltau, Echter Mehltau) - Zypresse		- Chili - **Knoblauch**

Zubereitung	Insektizid (tötet Insekten)	Fungizid (tötet Pilze ab)	Dünger/ Stimulator	Abschreckung	Schutz oder Wundheilung	Unkrautvernichtung
Zubereitungen mit Materialien aus Natur und Haushalt						
Materialien aus der Natur S. 58	- Anstrich mit ätherischen Ölen - Kalkmilch - Kaolin-Anstrich - Tonerde-Anstrich (Apfelblutlaus)	- Anstrich mit ätherischen Ölen - Kalkmilch - Tonerde-Anstrich (vorbeugend)	- Kaolin-Anstrich - Stimulierende Sprühbehandlung mit Tonerde und Algen - Tonerde-Anstrich		- Anstrich mit ätherischen Ölen - Kaolin-Anstrich - Stimulierende Sprühbehandlung mit Tonerde und Algen - Tonerde-Anstrich - Wundumschlag mit Tonerde	
Materialien aus dem Haushalt S. 76	- Bier (*Vespa velutina*) - Marseille-Seife (Grüne und Schwarze Blattläuse) - Natron - Rapsöl (Schildläuse, Milben, Blattläuse) - Schmierseife (Blattläuse, Rote Spinnen, Fransenflügler) - Waschnüsse (Blattläuse)	- Kaliumpermanganat (Echter Mehltau) - Natron		- Waschnüsse (Schnecken)		- Grobes Salz - Natron - Waschsoda
Andere Zubereitungen						
Abfälle verwerten S. 94	- Seifenwasser	- Holzkohle - Milch und Molke (Echter Mehltau)	- Algen - Holzasche - Kaffeesatz - Komposttee - Kuhdung - Milch und Molke - Urin	- Kaffeesatz (Ameisen)	- Kuhdung - Molke	- Kochwasser

Danksagung

Zwei leidenschaftliche Gärtner haben die Entstehung dieses Buches begleitet: Jean-François Lyphout (Professioneller Hersteller von fermentierten Pflanzenextrakten) und Marceau Bourdarias (Professioneller Baumpfleger). Sie gaben uns ihre Erfahrung weiter, wobei sie nie davor zurückschreckten, sich auch einmal „die Hände schmutzig zu machen“, um ihre Rezepte praktisch zu erläutern. Wir danken ihnen herzlich für all das Wissen, das sie mit uns teilten, und für die Geduld, die sie dabei an den Tag legten. Jean-François und Marceau stellen eigene Rezepte vor, verhelfen bewährten traditionellen Rezepten wieder zu größerer Bedeutung und zeigen neue Wege einer sanften Art der Pflanzenpflege auf – erst dieser Einsatz ermöglicht uns Zugang zu diesem spannenden Bereich der „Arbeit am Leben“.

Wir danken außerdem:

Viviane, Delphine, Franck und Guillaume für all das Wissen, an dem sie uns teilhaben ließen und für all den Enthusiasmus, mit dem sie an unsere Zubereitungen herangingen.
Claire Groshens für die Initiierung dieses Projekts.
Fabienne Hélou für ihre aufmerksame und freundliche Unterstützung.

MIX
Papier aus verantwortungsvollen Quellen
FSC® C012536
FSC www.fsc.org

Umschlaggestaltung:
DSR Werbeagentur Rypka GmbH, 8143 Dobl/Graz, www.rypka.at

Titel der französischen Originalausgabe: Je prépare mes potions pour le jardin. Purins, badigeons, traitements ... © Terre vivante, Mens 2013;
Text von Brigitte Lapouge-Déjean, Fotos (inkl. Covervorder- und Rückseite) von Serge Lapouge

Aus dem Französischen ins Deutsche übertragen von
Johanna Steigenberger MA

Bibliografische Information der Deutschen Nationalbibliothek
Die Deutsche Nationalbibliothek verzeichnet diese Publikation in der Deutschen Nationalbibliografie; detaillierte bibliografische Daten sind im Internet über http://dnb.d-nb.de abrufbar.

Hinweis:
Dieses Buch wurde auf chlorfrei gebleichtem Papier gedruckt. Die zum Schutz vor Verschmutzung verwendete Einschweißfolie ist aus Polyethylen chlor- und schwefelfrei hergestellt. Diese umweltfreundliche Folie verhält sich grundwasserneutral, ist voll recyclingfähig und verbrennt in Müllverbrennungsanlagen völlig ungiftig.

Auf Wunsch senden wir Ihnen gerne kostenlos unser Verlagsverzeichnis zu:
Leopold Stocker Verlag GmbH
Hofgasse 5/Postfach 438
A-8011 Graz
Tel.: +43 (0)316/82 16 36
Fax: +43 (0)316/83 56 12
E-Mail: stocker-verlag@stocker-verlag.com
www.stocker-verlag.com

ISBN 978-3-7020-1505-3

2. Auflage 2016

Layout und Repro: DSR Werbeagentur Rypka GmbH, 8143 Dobl/Graz
Druck: Druckerei Theiss GmbH., A-9431 St. Stefan
Printed in Austria